图灵教育

站在巨人的肩上

Standing on the Shoulders of Giants

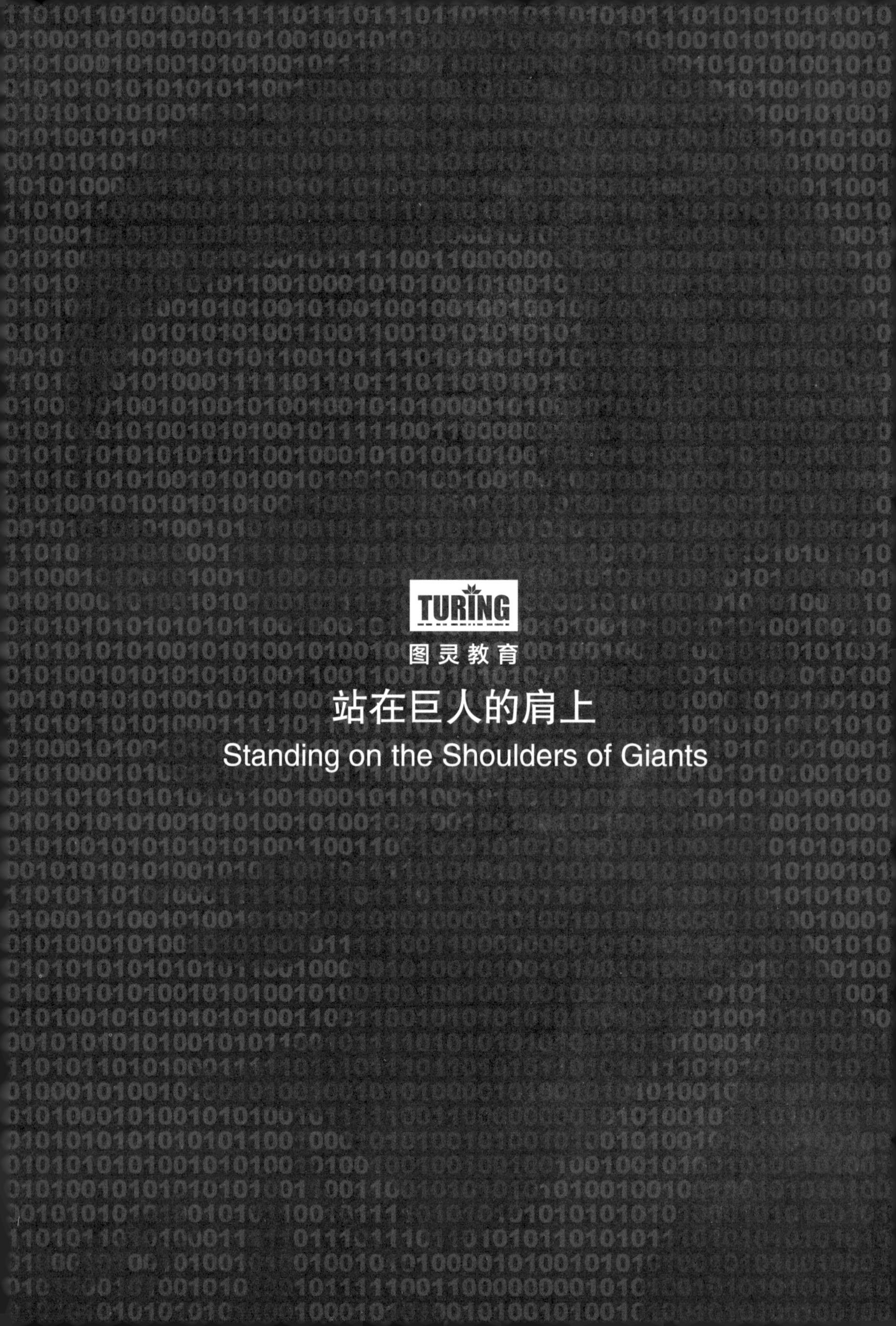
TURING
图灵教育
站在巨人的肩上
Standing on the Shoulders of Giants

卓有成效的敏捷

MORE EFFECTIVE AGILE

A Roadmap for Software Leaders

[美] 史蒂夫·迈克康奈尔（Steve McConnell）著

任发科 林从羽 译

韩磊 陈连生 审校

人民邮电出版社

北京

图书在版编目（CIP）数据

卓有成效的敏捷 / (美) 史蒂夫•迈克康奈尔
(Steve McConnell) 著 ; 任发科, 林从羽译. -- 北京 :
人民邮电出版社, 2021.10
ISBN 978-7-115-56491-7

Ⅰ. ①卓… Ⅱ. ①史… ②任… ③林… Ⅲ. ①应用软
件一软件开发 Ⅳ. ①TP317

中国版本图书馆CIP数据核字(2021)第081229号

内 容 提 要

“敏捷”一词已成为涵盖各种价值观、原则和实践方法的统称，敏捷实践已成为众多高效能软件组织的制胜之道。然而近年来，新的敏捷实践百花齐放，作为软件开发组织领导者，如何识别有效的敏捷实践方法？如何通过有效的软件开发实现更多的业务功能？本书作者史蒂夫•迈克康奈尔（Steve McConnell）带领 Construx 软件公司在数百个软件组织实践与总结后，形成卓有成效的现代敏捷实践路线图。

本书从团队、工作、组织 3 个维度，系统回答了如何选用适合软件组织的敏捷工具，如何创建真正以业务为中心的高效能、自管理团队，如何了解 Scrum 并诊断团队问题，如何提高 sprint 环境中的需求一致性，如何高效测试以提高质量等问题，让软件组织领导者能够突破现实世界中的约束条件，高效地领导软件开发组织。

本书提出的敏捷实践方法经历 300 多位不同层级管理者的实践，并参考 10 000 多条严格的评审意见进行打磨，几乎涵盖了卓有成效的敏捷的全部实际考虑，具有极强的普遍适用性。无论你是敏捷教练，还是已采用敏捷开发但对结果不满意的企业领导者、有技术背景但没有现代敏捷实践经验的开发人员、没有技术背景但想了解敏捷相关知识的读者，都能从本书中获得关于敏捷实践的宝贵资源。

◆ 著　　　[美] 史蒂夫•迈克康奈尔（Steve McConnell）
译　　　任发科　林从羽
审　校　韩　磊　陈连生
责任编辑　郭　媛
责任印制　王　郁　焦志炜

◆ 人民邮电出版社出版发行　　北京市丰台区成寿寺路 11 号
邮编　100164　　电子邮件　315@ptpress.com.cn
网址　https://www.ptpress.com.cn
天津翔远印刷有限公司印刷

◆ 开本：720×960　1/16
印张：17
字数：237 千字　　　　2021 年 10 月第 1 版
印数：1 – 4 000 册　　　2021 年 10 月天津第 1 次印刷

著作权合同登记号　图字：01-2020-0629 号

定价：89.90 元

读者服务热线：(010) 81055410　印装质量热线：(010) 81055316
反盗版热线：(010) 81055315
广告经营许可证：京东市监广登字 20170147 号

版权声明

More Effective Agile: A Roadmap for Software Leaders by Steve McConnell,

ISBN-13: 978-1733518215,

Published by arrangement with Steve McConnell.

推荐辞

（按姓氏拼音）

这本书从软件开发的本质切入，围绕价值、团队、个人、度量、领导力等方面，以实际案例和经验总结为主，娓娓道来，带着读者一步一步深入理解敏捷的精髓。

——姜信宝，《Scrum精髓：敏捷转型指南》译者，Scrum联盟认证Scrum培训师（CST）

敏捷如何在组织内推行与落地？每个人都有自己的答案，就像每个人心中都有一个哈姆雷特。正因如此，这本书的难能可贵之处才得以彰显：这本书不但系统介绍敏捷的理论框架，并且根据过去40年最有价值的经验教训，归纳出28个关键原则，为敏捷的推行与落地提供了方向指引。更为难得的是，每个章节基于理论和原则，给出切实可行的“给领导者的行动建议”。

——姜泳涛，泰康保险集团科技中心敏捷教练

拿到这本书的第一感觉：重复敏捷中老生常谈的基本概念。集中精力、仔细阅读后，越读越有共鸣，尤其是很多阻碍敏捷落地的非敏捷内容，比如驱动力、情商、同侪压力、组织生命周期、变革模型等。我强烈建议你将这本书作为了解敏捷的入门书。它就像一张地图，可以清晰地指明方向，并帮助你快速搭建起敏捷的知识体系。

——李小波，华为外部软件教练，绘玩教育（iPlayABC）CTO，软件匠艺（Coding Style）社区发起人

这本书有两个显著的特点。

一是完备。这本书系统地描述敏捷的方方面面：实践来源、应用场景、组织文化、领导力、团队、需求、管理、技术、质量、交付、度量、过程改进、大型

项目组合管理以及受监管行业中的敏捷等。

二是务实。作者没有人云亦云，而是有自己的观察与思考。他更加注重敏捷的关键原则与实际应用效果，基于软件组织的真实案例，灵活地看待敏捷实践，很好地平衡敏捷的理想与现实，澄清关于敏捷的很多误解。

——任甲林，麦哲思科技（北京）有限公司总经理，《术以载道：软件过程改进实践指南》《以道御术：CMMI 2.0 实践指南》作者

这本书提到意识自主、能力专精和目标对齐这个铁三角，直击敏捷组织的本质。只有看透这一本质并付诸行动，才能尽早并高质量地产出“可工作的软件”。

——申健，优普丰敏捷咨询全球合伙人，Scrum 联盟认证 Scrum 培训师（CST）& 认证 Scrum 团队教练（CTC）

这本书有效扩展了基础的敏捷框架及实践，形成针对软件研发从个人、团队到组织文化不同层面的工作指引，比较均衡地考虑到敏捷管理和技术实践的组合应用。当前的组织管理者面对数字化转型的压力，急需大规模构建软件研发能力，阅读本书，正当其时。

——肖然，Thoughtworks 创新总监，中国敏捷教练企业联盟秘书长

敏捷不是几句高度抽象、高度泛化的口号，不是外延无限宽广、内涵无限稀薄的“片儿汤话”，而是一系列非常具体的原则和实践。这本书列出的 28 个具体问题，穷尽了敏捷各个方面需要考虑的要素，让缺斤少两的伪敏捷无所遁形。

——熊节，极限编程合作社发起人

穿过热闹的场面，拨开华丽的辞藻，静下心来思考成功与失败的敏捷之间到底有何区别，到底哪些才是真正有效的敏捷实践，而不是咨询师为了粉饰履历而抹上的浓妆溢彩。史蒂夫在书中为我们娓娓道来。淡淡的味道，浓浓的回甘。许多曾困扰我多年的疑问，都在这本书中找到了答案。希望你也有同样的收获。

——徐毅，中国敏捷教练企业联盟副秘书长，EXIN 全球智库（EPG）成员，EXIN 敏捷教练评估师

这本书最大的优点就是针对整个敏捷过程进行了清晰的分类及流程的梳理，让你能够从书中轻松找到自己的困惑点，并且获得相应的行动建议。这本书凭借着 300 多位敏捷实践者提出的 1 万多条严格评审，让我在阅读中感受到了文笔思路的统一和字字如金的简短有力。如果你正在落地敏捷，那么这本手册应该随时放在身边，在做什么就看什么，预防“踩雷”的同时抓住落地的关键原则，可以少走不少弯路。

——云层，TestOps 测试运维开拓者，《敏捷测试实战指南》作者

市面上已经有很多讲述敏捷方法和实践的书，但这本书依然非常吸引我，主要有两方面原因。

首先是作者写作的出发点，即始终提倡“卓有成效”。敏捷实践本身并不是目的，其所带来的“卓有成效”的业务结果才是最终目的。这本书分享了大量被经验证明卓有成效的敏捷原则和实践，并没有强调某些死板教条的规则或加入言过其实的华丽包装，每章的内容目标都是解决具体问题，非常接地气。

其次是作者强调敏捷是一种依赖于从经验中学习的经验主义方法，虽然通过行业经验有套路可循，但更重要的是在落地和应用的过程中不断进行检视和调整，在组织、团队、个人层面不断改进和优化，最终才能享受到持续精进带来的胜利果实。

读者可以把这本书作为工具书，带着问题阅读和寻找答案，相信会对你深入理解敏捷大有裨益。

——张乐，京东 DevOps 与研发效能技术总监、首席架构师

这本书从卓有成效的团队到卓有成效的工作、组织，覆盖了敏捷开发方式下的方方面面。作者针对每个方面整理出提纲挈领的“关键原则”，并且给出行动建议，帮助读者根据自身的应用环境思考敏捷落地的实施方案。除此之外，这本书也强调了敏捷的文化、领导力、项目管理、质量、测试、可预测性等内容，这些往往是国内敏捷开发中容易忽视的要素。总的来说，这是一部有深度、有温度的敏捷力作，它同时彰显了简洁、开放和灵活的写作风格。

——朱少民，同济大学特聘教授，QECon 大会发起人

这本书透过形形色色的敏捷或不太敏捷的现象，针对性阐述了作者对软件开发和团队成长的本质的认识。全书通篇都有许多警句和洞见，如敏捷开发的原则就是缩短反馈循环，又如卓有成效的激励机制是自主、专精和目标的达成。

有人会问：如果我们按照这本书的方法培训了员工，但是他们离职了，这不是亏了吗？

那么反问：如果我们不培训员工，而他们一直留在公司，谁亏得更多呢？

这本书值得所有想让员工和公司成长的组织学习！

——邹欣，CSDN 副总裁，《构建之法：现代软件工程》作者

对本书的赞誉

无论你是经理还是高管，无论你是刚开始转向敏捷还是期望改进敏捷，在这本书中你都会找到基于深入研究和广泛经验的实用建议。

——Shaheeda Nizar，谷歌工程主管

在提供以业务 / 价值为中心的观点的同时，这本书让软件组织领导者能够接触和关注敏捷开发的前沿的核心概念。

——John Reynders，Alexion Pharmaceuticals 副总裁

这本书明确指出，敏捷是一组实践手段，这组实践手段源自与业务紧密关联的工作成果，而不仅只是一套要执行的仪轨。

——Glenn Goodrich，Skookum 副总裁

这本书的 28 个关键原则总结了过去 40 年软件产品开发中最有价值的经验教训，是非常宝贵的学习资料。这本书理论和实践相结合，并使用易懂的语言和清晰的图示使这些原则备受关注。

——Xander Botha，Demonware 技术总监

这本书明确指出，对于过去认为应该采用顺序生命周期开发方式的项目，例如需要精确预估时限，或者开发过程受到监管，敏捷方法（如果正确使用的话）能够发挥惊人效果。

——Charles Davies，TomTom CTO

这本书对技术型读者和非技术型读者都非常易读，能够使他们对敏捷达成一致的理解。

——Sunil Kripalani，OptumRx 首席数字官

即使敏捷专家也可以从这本书中找到重振使用敏捷方法信心的精神食粮。

——Stefan Landvogt，微软首席软件工程师

许多理想化的敏捷方法在面对复杂的现实情况时败下阵来。这本书是穿越敏捷实施迷宫的一盏非凡的指路明灯，它描述了要寻找什么（检视）以及如何应对所发现的情况（调整）。

——Ilhan Dilber，CareFirst 质量与测试总监

令人耳目一新的是，这本书避免了敏捷教条，并解释了如何使用那些适合业务需要的敏捷实践。

——Brian Donaldson，Quadrus 董事长

人们常常（错误地）认为，采用敏捷就会失去可预测性，而不认为可预测性恰恰是敏捷所能带来的好处。

——Lisa Forsyth，Smashing Ideas 高级总监

简洁、实用，内容对得起书名。这本书对那些想让敏捷过程更有效的软件组织领导者特别有价值，对刚刚开始或者正在考虑转向敏捷的领导者来说也非常有用。

——David Wight，Calaveras 集团顾问

这本书全面介绍了如何卓有成效地实现敏捷并不断改进，使敏捷不仅仅停留在起步阶段。许多书关注如何开始，但很少有书分享保持继续前行的有用知识和具体工具。

——Eric Upchurch，Synaptech 首席软件架构师

这本书总结真实经验，将创建现代软件密集型系统的各个方面——技术、管理、组织、文化和人——汇集成易于理解、连贯、可操作的整体。

——Giovanni Asproni，Zuhlke 工程有限公司首席顾问

要敏捷发挥作用，大组织需要如何去做？这本书对此给出了出色的建议，如敏捷边界、变更管理模型、项目组合管理，以及可预测性与管控之间的平衡。

——Hiranya Samarasekera，Sysco LABS 工程副总裁

这本书提供了简洁有力的陈述，为那些以软件为主要工作的个人和公司提供了有价值的东西，并且书中的许多概念基本上适用于任何行业。

——Barbara Talley，Epsilon 总监、业务系统分析师

这本书是最佳实践、挑战、行动以及拓展资料的权威来源，这本书也是我和团队的首选学习资料。我有时很难解释敏捷实践以及如何让它们卓有成效，这本书做得非常出色。

——Graham Haythornthwaite，Impero Software 技术副总裁

这本书教你如何将敏捷看作一组工具：在环境需要敏捷时有选择性地应用它们，而不是要么不用要么全用。

——Timo Kissel，Circle Media 工程高级副总裁

这是一本优秀的书，彻底回答了“为什么使用敏捷？”这个问题。

——Don Shafer，Athens 集团首席保险、安全、健康和环境执行官

刚开始使用敏捷的人，可以直接阅读“卓有成效的敏捷实施”这一章（第 23 章）。我见过太多组织进行“完全敏捷”却没有建立适当的基础来确保其成功。

——Kevin Taylor，亚马逊高级云架构师

这是一本了不起的书，充满了极其有用的信息，即使经验丰富的从业者也能学有所得。这正是目前稀缺的能够务实地应用敏捷实践的手册。

——Manny Gatlin，Bad Rabbit 专业服务副总裁

这本书没有夸夸其谈，而是直接告诉我起作用的东西以及其他人发现有用的

东西，包括围绕文化、人和团队的软性问题，也包括过程和架构。考虑到这本书的篇幅，其覆盖深度令人惊讶！

——Mike Blackstock，Sense Tecnic Systems CTO

这本书是对敏捷这个 20 年的方法论的诚实审视，而且这可能是第一本直接针对软件组织领导者并告诉他们如何实施的书。

——Sumant Kumar，SAP 工程开发总监

我很欣赏关于在任何环境中都有帮助的、激励个人和团队的领导特质的讨论。我们常常把人为因素视为理所应当而只注重流程性的因素。

——Dennis Rubsam，Seagate 高级总监

来自传统项目管理文化的领导者常常难以掌握敏捷概念。这本书对这类领导者颇有启发。

——Paul van Hagen，壳牌全球解决方案国际有限公司
平台架构师和软件卓越经理

这本书不仅提供了如何搭建卓有成效的敏捷团队的关键见解，还提供了组织领导者如何与其开发团队配合，确保项目成功。

——Tom Spitzer，EC Wise 工程副总监

这是快速变化的软件世界所急需的资料，目前不同行业越来越迫切地需要交付更多、更快。

——Kenneth Liu，Symantec 高级总监

这本书为所有类型的软件开发实践者提供了有价值的独到见解和经验教训——业务负责人、产品负责人、分析师、软件工程师和测试人员。

——Melvin Brandman，Willis Towers Watson 首席技术顾问

这本书为想要改进现有敏捷项目的领导者或者正在实施敏捷的领导者，提供

了全面的参考，涵盖了敏捷领导力的方方面面。

——Brad Moore，Quartet Health 工程副总裁

这本书已被证明是可以提升敏捷团队水平的，是非常有价值的原则摘要。除了信息，还有许多有价值的经验也被收集到这本书中。

——Dewey Hou，TechSmith 公司产品开发副总裁

这本书是实施敏捷的一面好镜子——让你的实施过程与其保持一致，就能看到积极和消极的两个方面。

——Matt Schouten，Herzog Technologies 产品开发高级总监

5 年前我正在公司推行敏捷实施的时候就有这本书该多好啊！它澄清（并言中）了我们遇到的许多问题。

——Mark Apgar，Tsunami Tsolutions 产品设计经理

大多数公司可能认为他们拥有“敏捷”开发过程，但他们也许缺少许多可以让其过程变得更好的关键环节。作者从对软件开发的研究和他在 Construx 软件公司的个人经验中汲取精华，并将这些知识凝练成一份简明的资料。

——Steve Perrin，Zillow 高级开发经理

这本书解决了许多多年来我们一直为之苦苦挣扎的问题。如果在我们开始自己的旅程时就有这本书，对我们应该会非常有帮助。书中的“给领导者的行动建议”棒极了！

——Barry Saylor，Micro Encoder 公司副总裁

这本书代表了 20 年敏捷实施实践经验的巅峰。如同《代码大全》在 20 世纪 90 年代成为软件开发人员的权威手册一样，这本书将在接下来 10 年成为敏捷倡导者的权威手册。

——Tom Kerr，ZOLL Medical 嵌入式软件开发经理

致　谢

首先感谢在 Construx 软件公司的技术同事。我很幸运能与一群聪明无比、才华横溢且经验丰富的员工一起工作，本书主要是我们集体经验的总结，没有他们的贡献本书将无法付梓。感谢咨询副总裁 Jenny Stuart，感谢她在大规模敏捷实施方面的非凡经验和见解。我很欣赏她有关驾驭大型组织的组织问题的见解。感谢首席技术官 Matt Peloquin 在软件架构方面的经验——他在领导了超过 500 次架构评审后已独步天下了，这些经验在敏捷实施上发挥了很大作用。感谢高级研究员、卓越的咨询师和导师 Earl Beede，感谢他洞悉展现敏捷概念的最清晰的方式，让团队理解并高效地实施敏捷。感谢高级研究员 Melvin PérezCedano 将全世界的经验和丰富的书本知识相结合。谢谢 Melvin，他是我这个项目的活样本，也是最行之有效实践的关键指南。感谢高级研究员 Erik Simmons 在不确定性和复杂性研究方面浩瀚无垠的知识以及他在大型传统企业实现敏捷实践方面的专家级的指导。感谢首席咨询师 Steve Tockey 对传统严谨软件实践以及它们与敏捷如何相互作用的深刻洞察和无与伦比的基础知识。感谢高级研究员 Bob Webber 对敏捷产品管理的深入理解——他几十年的领导经验帮助本书满足领导者的需要。最后，感谢敏捷实践负责人 John Clifford，感谢他鼓励、指导、劝告甚至偶尔强迫组织认识到他们实施敏捷所应该得到的所有价值。多么棒的团队！我如此幸运能与这些人共事。

超过 300 位软件行业领导者阅读了本书的初稿并提供了评审意见。这本书因他们的无私奉献而更加完美。

特别感谢 Chris Alexander，感谢他对 OODA 的深刻解释并提供出色的示例。特别感谢 Bernie Anger，感谢他针对成功的产品负责人角色的广泛评论。特别感谢 John Belbute，感谢他对度量和过程改进的深刻意见。特别感谢 Bill Curtis 和 Mike Russell，感谢他们就我对 PDCA 的一些错误概念提出批评（这些错误概念已不在本书中）。特别感谢 Rob Daigneau 对架构和 CI/CD 的评论。特别感谢 Brian Donaldson 对估算的深入评审。特别感谢 Lars Marowsky-Bree 和 Ed Sullivan，感谢他们对分布式团队成功所需因素的全面评论。特别感谢 Marion Miller 描述了应急响应团队的组织方式以及其与敏捷组织间的关联和关系。特别感谢 Bryan Pflug 对航空航天条例下软件开发的广泛评论。

感谢如下审稿人，他们分别审读了书稿的一些部分：Mark Abermoske，Anant Adke，Haytham Alzeini、Prashant Ambe、Vidyha Anand、Royce Ausburn、Joseph Balistrieri、Erika Barber、Ed Bateman、Mark Beardall、Greg Bertoni、Diana Bittle、Margaret Bohn、Terry Bretz、Darwin Castillo、Jason Cole、Jenson Crawford、Bruce Cronquist、Peter Daly、Brian Daugherty、Matt Davey、Paul David、Tim Dawson、Ritesh Desai、Anthony Diaz、Randy Dojutrek、Adam Dray、Eric Evans、Ron Farrington、Claudio Fayad、Geoff Flamank、Lisa Forsyth、Jim Forsythe、Robin Franko、Jane Fraser、Fazeel Gareeboo、Inbar Gazit、David Geving、Paul Gower、Ashish Gupta、Chris Halton、Ram Hariharan、Jason Hills、Gary Hinkle、Mike Hoffmann、Chris Holl、Peter Horadan、Sandra Howlett、Fred Hugand、Scott Jensen、Steve Karmesin、Peter Kretzman、David Leib、Andrew Levine、Andrew Lichey、Eric Lind、Howard Look、Zhi Cong (Chong) Luo、Dale Lutz、Marianne Marck、Keith B. Marcos、David McTavish、J.D. Meier、Suneel Mendiratta、Henry Meuret、Bertrand Meyer、Rob Muir、Chris Murphy、Pete Nathan、Michael Nassirian、Scott Norton、Daniel Rensilot Okine、Ganesh Palave、Peter Paznokas、Jim Pyles、Mark Ronan、Roshanak Roshandel、Hiranya Samarasekera、Nalin Savara、Tom Schaffernoth、Senthi Senthilmurugan、Charles Seybold、Andrew Sinclair、Tom Spitzer、Dave Spokane、Michael Sprick、Tina Strand、Nancy Sutherland、Jason Tanner、Chris Thompson、Bruce Thorne、Leanne Trevorrow、Roger Valade、John Ward、Wendy Wells、Gavian Whishaw 和 Howard Wu。

感谢如下审稿人，他们对整个书稿给出了评论意见：Edwin Adriaansen、Carlos Amselem、John Anderson、Mehdi Aouadi、Mark Apgar、Brad Appleton、Giovanni Asproni、Joseph Bangs、Alex Barros、Jared Bellows、John M. Bemis、

Robert Binder、Mike Blackstock、Dr. Zarik Boghossian、Gabriel Boiciuc、Greg Borchers、Xander Botha、Melvin Brandman、Kevin Brune、Timothy Byrne、Dale Campbell、Mike Cargal、Mark Cassidy、Mike Cheng、George Chow、Ronda Cilsick、Peter Clark、Michelle K. Cole、John Connolly、Sarah Cooper、John Coster、Alan Crouch、James Cusick、David Daly、Trent Davies、Dan DeLapp、Steve Dienstbier、Ilhan Dilber、Nicholas DiLisi、Jason Domask、David Draffin、Dr. Ryan J. Durante、Jim Durrell、Alex Elentukh、Paul Elia、Robert A. Ensink、Earl Everett、Mark Famous、Craig Fisher、Jamie Forgan、Iain Forsyth、John R Fox、Steven D. Fraser、Steve Freeman、Reeve Fritchman、Krisztian Gaspar、Manny Gatlin、Rege George、Glenn Goodrich、Lee Grant、Kirk Gray、Matthew Grulke、Mir Hajmiragha、Matt Hall、Colin Hammond、Jeff Hanson、Paul Harding、Joshua Harmon、Graham Haythornthwaite、Jim Henley、Ned Henson、Neal Herman、Samuel Hon、Dewey Hou、Bill Humphrey、Lise Hvatum、Nathan Itskovitch、Rob Jasper、Kurian John、James Judd、Mark Karen、Tom Kerr、Yogesh Khambia、Timo Kissel、Katie Knobbs、Mark Kochanski、Hannu Kokko、Sunil Kripalani、Mukesh Kumar、Sumant Kumar、Matt Kuznicki、Stefan Landvogt、Michael Lange、Andrew Lavers、Robert Lee、Anthony Letts、Gilbert Lévesque、Ron Lichty、Ken Liu、Jon Loftin、Sergio Lopes、Arnie Lund、Jeff Malek、Koen Mannaerts、Risto Matikainen、Chris Matts、Kevin McEachern、Ernst Menet、Karl Métivier、Scott Miller、Praveen Minumula、Brad Moore、David Moore、Sean Morley、Steven Mullins、Ben Nguyen、Ryan North、Louis Ormond、Patrick O'Rourke、Uma Palepu、Steve Perrin、Daniel Petersen、Brad Porter、Terri Potts、Jon Price、John Purdy、Mladen Radovic、Venkat Ramamurthy、Vinu Ramasamy、Derek Reading、Barbara Robbins、Tim Roden、Neil Roodyn、Dennis Rubsam、John Santamaria、Pablo Santos Luaces、Barry Saylor、Matt Schouten、Dan Schreiber、Jeff Schroeder、John Sellars、Don Shafer、Desh Sharma、David Sholan、Creig R. Smith、Dave B Smith、Howie Smith、Steve Snider、Mitch Sonnen、Erik Sowa、Sebastian Speck、Kurk Spendlove、Tim Stauffer、Chris Sterling、Peter Stevens、Lorraine Steyn、

Joakim Sundén、Kevin Taylor、Mark Thristan、Bill Tucker、Scot Tutkovics、Christian P. Valcke、PhD、Paul van Hagen、Mark H. Waldron、Bob Wambach、Evan Wang、Phil White、Tim White、Jon Whitney、Matthew Willis、Bob Wilmes、David Wood、Ronnie Yates、Tom Yosick 和 Barry Young。

在大量评论中，有一些特别深刻有用。特别感谢这些审稿人：John Aukshunas、Santanu Banerjee、Jim Bird、Alastair Blakey、Michelle Canfield、Ger Cloudt、Terry Coatta、Charles Davies、Rob Dull、Rik Essenius、Ryan E. Fleming、Tom Greene、Owain Griffiths、Chris Haverkate、Dr Arne Hoffmann、Bradey Honsinger、Philippe Kruchten、Steve Lane、Ashlyn Leahy、Kamil Litman、Steve Maraspin、Jason McCartney、Mike Morton、Shaheeda Nizar、Andrew Park、Jammy Pate、John Reynders、André Sintzoff、Pete Stuntz、Barbara Talley、Eric Upchurch、Maxas Volodin、Ryland Wallace、Matt Warner、Wayne Washburn 和 David Wight。

我还想感谢制作团队的出色工作，包括 Rob Nance 的绘图、Tonya Rimbey 带领的评审工作，以及 Joanne Sprott 编写的索引。还要感谢 Jesse Bronson、Paul Donovan、Jeff Ehlers、Melissa Feroe、Mark Griffin 和 Mark Nygren 招募审稿人。

最后，特别感谢策划编辑 Devon Musgrave。这是我与 Devon 合作的第三个图书项目。他的编辑判断在诸多方面改善了本书，他对我各类写作项目的浓厚兴趣对完成本书发挥了至关重要的作用。

资源与支持

本书由异步社区出品，社区（https://www.epubit.com/）为您提供相关资源和后续服务。

提交勘误

作者和编辑尽最大努力来确保书中内容的准确性，但难免会存在疏漏。欢迎您将发现的问题反馈给我们，帮助我们提升图书的质量。

当您发现错误时，请登录异步社区，按书名搜索，进入本书页面，点击“提交勘误”，输入勘误信息，点击“提交”按钮即可（见下图）。本书的作者和编辑会对您提交的勘误进行审核，确认并接受后，您将获赠异步社区的100积分。积分可用于在异步社区兑换优惠券、样书或奖品。

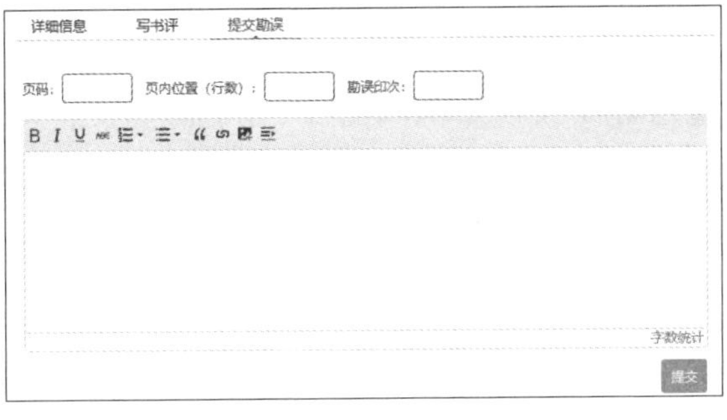

扫码关注本书

扫描下方二维码，您将会在异步社区微信服务号中看到本书信息及相关的服务提示。

与我们联系

我们的联系邮箱是 contact@epubit.com.cn。

如果您对本书有任何疑问或建议，请您发邮件给我们，并请在邮件标题中注明本书书名，以便我们更高效地做出反馈。

如果您有兴趣出版图书、录制教学视频，或者参与图书翻译、技术审校等工作，可以发邮件给我们；有意出版图书的作者也可以到异步社区在线提交投稿（直接访问 www.epubit.com/selfpublish/submission 即可）。

如果您所在的学校、培训机构或企业，想批量购买本书或异步社区出版的其他图书，也可以发邮件给我们。

如果您在网上发现有针对异步社区出品图书的各种形式的盗版行为，包括对图书全部或部分内容的非授权传播，请您将怀疑有侵权行为的链接发邮件给我们。您的这一举动是对作者权益的保护，也是我们持续为您提供有价值的内容的动力之源。

关于异步社区和异步图书

“异步社区”是人民邮电出版社旗下 IT 专业图书社区，致力于出版精品 IT 技术图书和相关学习产品，为作译者提供优质出版服务。异步社区创办于 2015 年 8 月，提供大量精品 IT 技术图书和电子书，以及高品质技术文章和视频课程。更多详情请访问异步社区官网 https://www.epubit.com。

“异步图书”是由异步社区编辑团队策划出版的精品 IT 专业图书的品牌，依托于人民邮电出版社近 40 年的计算机图书出版积累和专业编辑团队，相关图书在封面上印有异步图书的 LOGO。异步图书的出版领域包括软件开发、大数据、人工智能、测试、前端、网络技术等。

异步社区

微信服务号

目　　录

第二部分　卓有成效的团队

第三部分 卓有成效的工作

第一部分

卓有成效的敏捷介绍

这一部分介绍敏捷软件开发的基本概念。第二部分至第四部分给出深入的具体建议。

本书其余部分会大量引用第一部分介绍的概念，因此，如果你直接跳到第二部分至第四部分阅读，请牢记那些基于第一部分的理念。

如果读者喜欢从整体概览开始，可以直接跳到第五部分，阅读“享受劳动果实”和“关键原则汇总”。

第1章 概　述

21 世纪初期，软件行业领导者就敏捷开发提出了许多重要问题。这些领导者担心敏捷对质量、可预测性、大型项目、可度量改进的支持能力，以及受监管行业工作的支持能力。当时，他们的担心是合理的：敏捷最初的承诺言过其实了，多数敏捷实施令人失望，而且获得结果所花费的时间常常超出预期。

软件行业需要时间和经验来区分早期敏捷的无效失误与真正进步。最近几年，软件行业已经改进了一些敏捷的早期实践，增加了新实践，并且学会避免一些行为。今天，使用现代敏捷开发为同时提高质量、可预测性、生产力和产量提供了机会。

20 多年来，我的公司 Construx Software（以下称 Construx 软件公司）一直与开发各种软件系统的组织合作——范围从移动游戏到医疗设备。我们已经帮助数以百计的组织在顺序生命周期开发（后简称顺序开发）上获得成功，而在过去 15 年里，我们帮助客户使用敏捷开发，并获得了越来越好的结果。我们看到，许多机构通过采用敏捷实践显著地缩短了周期时间，提高了生产力，改进了质量，提高了客户响应速度及透明度。

大多数敏捷文献都专注于那些新兴市场中雄心勃勃、发展迅速的公司，如奈飞、亚马逊、Etsy、Spotify 和其他类似的公司。但是，如果公司制造的软件没那么前沿该怎么办？如果公司是给科学设备、办公设备、医疗器械、电子消费品、重型机械或过程控制设备编写软件，该怎么办？我们发现，当聚焦于对特定业务有好处的方法时，现代敏捷实践也为这类软件带来了好处。

1.1 有效的敏捷为何重要

公司由于自身利益希望更高效的软件开发。它们也因为软件能支持许多其他业务功能而想要更高效的软件开发。《DevOps 现状报告》发现：拥有高效 IT 组织的公司超标实现公司在盈利、市场份额及生产效率等方面目标的可能性是其同行的两倍（Puppet Labs，2014）。对于公司在客户满意度、工作质量、工作量及运营效率等方面所设定的目标高效的公司能满足甚至超越该目标的可能性是其同行的两倍。

有选择地、合理地使用现代敏捷实践为高效软件开发以及随之而来的所有好处提供了一条行之有效的途径。

遗憾的是，大多数公司没有认识到敏捷实践的潜力，因为大多数敏捷实践的实施方式都不够高效。例如，Scrum 是最常见的敏捷实践，用好了无比强大，然而大多数时候我们看到的 Scrum 实施方式并不能真正地实现它的价值。图 1-1 对比了我们公司所了解的一般的 Scrum 团队和健康的 Scrum 团队。

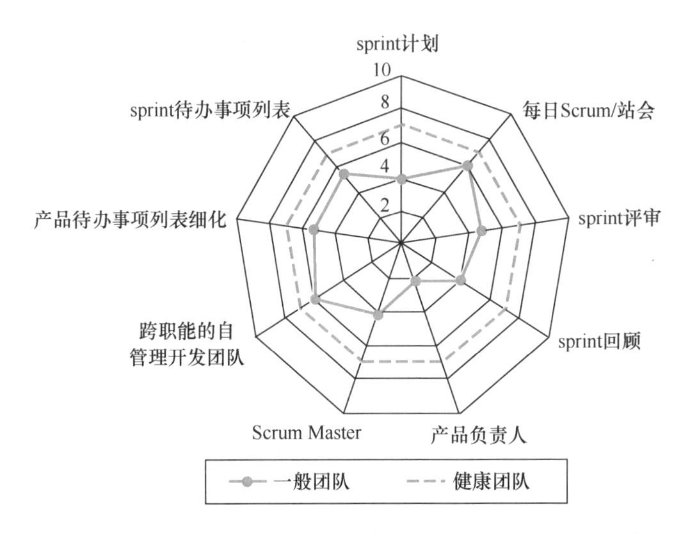

图 1-1 一个根据关键 Scrum 成功因素来展示 Scrum 团队表现的诊断工具

我们通常只看到一个 Scrum 关键要素被有效地采用（每日 Scrum/ 站会），但每日 Scrum / 站会本身也远未普及。Scrum 的其他元素被零星地采用或者完全没有被采用（第 4 章详细描述了这个图使用的评分方式。）

把潜在的好实践用烂并非敏捷失败的唯一原因。敏捷这个词已经成为一个涵盖无数实践、原则和理论的总称。我们看到许多组织由于无法在敏捷的含义上达成一致而导致了敏捷实施的失败。

在敏捷中，有些实践比其他实践表现得更好，我们看到一些组织由于选择了无效实践而失败。

组织可以获得更为卓越的效能，本书描述了做到这一点的方法。

1.2 本书的目标读者

本书的读者是想要确保实施高效敏捷的组织和软件团队的执行官级别高管、副总裁（VP）、总监、经理和其他领导者。如果你拥有技术背景但缺乏现代敏捷实践的丰富经验，本书就是为你准备的；如果你没有技术背景，只是想了解敏捷实践的实用知识，你也是本书的目标读者（跳过技术部分没什么问题）；如果你在 10 到 15 年前了解过许多敏捷实践，但此后一直没有更新过现代敏捷知识，这本书也适合你。

最重要的是，如果你的组织已经实施敏捷开发而你对结果并不满意，这本书正适合你。

1.3 本书与其他敏捷图书有何不同

这不是一本关于如何正确实践敏捷的书，它要讲的是那些对公司的业务真正有益的敏捷实践，以及如何从这些实践中获得最大的价值。

本书讨论了公司关心而敏捷纯粹主义者常常忽略的主题：敏捷实施的常见挑战，如何只在组织的一部分中实施敏捷，敏捷对可预测性的支持，在成员位置分散的团队中使用敏捷的方式，还有如何在受监管行业中使用敏捷。

关于敏捷开发的大多数图书都是由布道师编写的。他们要么倡导特定的敏捷实践，要么全面推广敏捷。我不是敏捷布道师，我提倡采用有效的手段，反对无凭无据、信口承诺。这本书并未将敏捷当作一场要求更高意识状态的运动，而是当作一组特定的管理和技术实践，其效用和相互作用能从业务和技术方面进行理解。

我没有办法在21世纪早期编写这本书，因为那时软件世界尚未累积足够的敏捷开发经验，无法确切知晓哪些实践有用而哪些没用。今天，我们已经了解到，一些最广为人知的实践其实没有多大效果，而其他不太为人所知的实践却涌现出来成为现代高效敏捷实施的可靠主力。本书会对此进行整理区分。

敏捷热衷者也许会批评这本书没有呈现最前沿的敏捷开发，这确实说到点子上了——本书关注的是已经被证明有效的实践。敏捷开发的历史充斥着一两个热衷者在少数组织中成功运用但最终发现不具有普遍适用性的想法。本书不会详细讨论这些作用有限的实践。

本书提供了高效的现代敏捷实践的路线图，还有一些注意事项告诉读者要避免的敏捷实践和思想。本书不是敏捷教程，而是帮助软件领导区分有效敏捷与无效敏捷的指南。

1.4 本书如何组织

本书从介绍敏捷的背景开始，接下来介绍个体和团队，然后介绍个体和团队使用的工作实践，再然后介绍使用这些工作实践的团队所在的组织，最后是总结和展望。

本书每部分的开头提供指导，帮助读者决定是否阅读每一部分以及以何种顺序阅读。

1.5 让我知道你的想法

如果没有广泛的同行评审，本书的内容不会这么充实。我的 Construx 软件公司同事对最初的手稿进行了详细评审。我请外部志愿者评审了后续的稿子，300 多名软件行业领导者贡献了超过 10 000 条评审意见。他们无私的帮助使这本书臻于完善。

你对本书的感觉如何？它与你的经验相符吗？它对你面对的问题有任何帮助吗？你可以通过异步社区反馈想法，我希望从出版社知道中国读者的想法。

华盛顿州贝尔维尤市

2019 年 7 月 4 日

第 2 章　敏捷到底有何不同

大多数写到“敏捷到底有何不同”的图书开篇都会大幅介绍 2001 年《敏捷宣言》诞生的历史，还有与其同龄的《敏捷原则》。

这些文件在 20 年前发挥了重要的作用，但敏捷实践从那时起就不断成熟，这些历史文献根本无法准确描述现代敏捷最有价值的方面。

因此，今天的敏捷有何不同？敏捷运动在历史上将自己与瀑布开发进行了对比。当时的说法是瀑布开发尝试一开始就做 100% 的规划，需求工作也是 100% 预先完成，100% 预先设计，以此类推。这是对瀑布开发的字面意义的准确描述，但它描述的是一个从未真正广泛使用的开发方式。各种分阶段的开发方式才是普遍做法。

真正的瀑布开发主要存在于美国国防部的早期项目中，而在撰写《敏捷宣言》时，那种早期粗犷式的实施方式早已被更精细复杂的生命周期所取代。[1]

现今，顺序开发是与敏捷开发最有意义的对标物。撇开错误描述不谈，表 2-1 展示了它们之间的详细对比。

（1）短发布周期与长发布周期对比。采用敏捷实践的团队以按天或周的周期开发可工作的软件。采用顺序实践的团队按月或季度度量其开发周期。

（2）进行从需求到实现的开发工作时，小批量方式与大批量方式对比。敏捷开发强调小批量完整的开发，包含详细的需求、设计、编码、测试和文档工作，意味着一次只实现少量特性或需求。顺序开发强调以大批量的方式将整个项目的工作按需求、设计、编码及测试等阶段一次性地从一个阶段移动到下一个阶段。

（3）即时规划与预先规划对比。敏捷开发通常只做一点点预先规划并将大部

1　美国国防部项目的瀑布软件开发标准（MIL-STD-2167A）在 1994 年年底被非瀑布标准（MIL-STD-498）取代。

分详细规划留到之后即时完成。出色的顺序开发也会做很多即时规划，但像挣值管理这样的顺序实践则非常强调更为详细的预先规划。

表 2-1 顺序开发和敏捷开发之间不同的侧重点

顺序开发	敏捷开发
长发布周期	短发布周期
以大批量的方式，开展从需求到实现的开发工作	以小批量的方式，开展从需求到实现的开发工作
详细的预先规划	高层级的预先规划结合详细的即时规划
详细的预先需求	高层级的预先需求结合详细的即时需求
预先设计	涌现式设计
最后测试，通常作为单独的活动	开发阶段的持续自动化测试
不频繁的结构化协作	频繁的结构化协作
整体方法是理想化的、预先安排、面向控制	整体方法是经验性的、快速响应、面向改进

（4）即时需求与预先需求对比。敏捷开发强调前期尽可能少地进行需求相关工作（强调广度而不是细节）；它将大量详细需求相关工作推迟到项目开始之后、真正需要详细需求的时候再进行。顺序开发预先定义了大多数需求细节。

需求是现代敏捷实践超越 21 世纪早期敏捷理念的领域。我将在第 13 章和第 14 章中探讨这些变化。

（5）涌现式设计与预先设计对比。与规划和需求一样，敏捷将详细设计的细化工作推迟到需要详细设计的时候，并最小限度地强调预先设计和架构。顺序开发注重更细粒度的预先设计。

认识到预先设计和架构工作的价值是现代敏捷超越 21 世纪早期敏捷理念的另一个领域。

（6）开发阶段的持续自动化测试与最后单独测试对比。敏捷开发强调测试应该是与编码同步进行的工作，有时要先于编码。测试由包含了测试专家的开发团队完成。顺序开发将测试当作独立于开发来执行的活动并且通常在开发之后。敏捷开发强调自动化测试以便测试能够由更多人、更频繁地运行。

（7）频繁的结构化协作与不频繁的结构化协作对比。敏捷开发强调频繁的结构化协作。这些协作常常很短（如 15 分钟的每日站会），但被组织成日复一日、周复一周的敏捷工作节奏。顺序开发当然不阻碍协作，但也没有特别鼓励。

（8）经验性的、快速响应、面向改进与理想化的、预先安排、面向控制对比。敏捷团队强调经验方法。他们注重于从真实经验中学习。顺序团队也尝试从经验中学习，但他们更注重制订规划以及在现实中建立秩序，而不是观察现实并持续调整。

比较敏捷开发与顺序开发时，人们倾向于将一方好的方面与另一方坏的方面进行比较。这既不公平也没意义。运行良好的项目注重良好的管理、高水平的客户协作，以及高质量的需求、设计、编码和测试——无论项目使用敏捷还是顺序的开发方法。

顺序开发在理想的情况下也能运转良好。然而，如果研究了如表 2-1 所示的差异并对自己的项目进行了反思，你会发现一些端倪，表明敏捷开发为什么在许多情况下比顺序开发效果更好。

2.1　敏捷的好处从何而来

敏捷开发的好处可不是由于用了敏捷这个词。它们源于如表 2-1 所示的那些敏捷要点的直观效果。

（1）短发布周期能帮助你更及时且以更低的成本修复缺陷、浪费更少的时间在无效需求或设计上、更及时地获得用户反馈、更快地修正方向，以及更快地实现收入增长和运营成本的降低。

（2）以小批量方式开展从需求到实现的开发工作也提供了类似的好处——更紧密的反馈周期、更快且成本更低的错误检测和修复。

（3）即时规划的结果是不会花费太多时间去准备那些之后会被忽略或抛弃的详细规划。

（4）即时需求的结果是在那些需求变更时会被废弃的预先需求上投入的工作更少。

（5）涌现式设计的结果是不会给后期会改变的需求预先设计解决方案，更不用说去做那些没有按规划给出细节的设计。预先设计可能非常强大，但为不确定的需求进行预先设计既容易出错也浪费时间。

（6）开发阶段的持续自动化测试增强了引入缺陷和缺陷检测之间的反馈循环，有助于低成本的缺陷纠正，并着重于初始代码质量。

（7）频繁的结构化协作减少了沟通上的错误。过多的沟通上的错误会显著增加需求、设计及其他活动中的缺陷。

（8）经验性的、快速响应、面向改进的模型有助于团队更快地从经验中学习并随时间逐步改善。

不同组织会关注不同的敏捷要点。如果要开发的软件的安全性至关重要，组织通常不会采用涌现式设计。涌现式设计也许能够省钱，但安全方面的考量更为重要。

相似地，每次发布软件都产生很高成本的组织——可能是由于要将软件嵌入难于访问的设备中或者由于监管方面的支出——就不会选择频繁发布。从频繁发布获得的反馈也许能够为一些组织省钱，但也许会让其他组织的成本远远超过其节省的钱。

一旦不再认为敏捷是不可分割的概念——要么全盘接受，要么就毫无用处，就可以自由地单独实施敏捷实践。你开始意识到一些敏捷实践比其他实践更有效——而有些则对你的特定情况更有效。如果组织需要支持业务敏捷性，现代敏捷软件实践自然是合适的；如果组织需要支持质量、可预测性、生产力或其他不明显的敏捷属性，现代敏捷软件实践也非常有价值。

2.2　敏捷边界

大多数组织无法实现从需求到实现的敏捷性。组织可能无法从敏捷 HR（人力资源经理）或敏捷采购上看到任何好处。 即使你致力于整个组织的敏捷，但也许会发现客户或供应商没有你敏捷。

理解组织的敏捷部分和非敏捷部分之间的边界是很有用的——既包含当前的边界也包含期望的边界。

如果你是 CXO 级别的高管，敏捷边界内可能包括整个组织；如果你是组织的高层技术负责人，敏捷边界内可能包括整个技术组织；如果你是较低级别的负责人，敏捷边界内可能只包含你的团队。看一下图 2-1 中的示例。

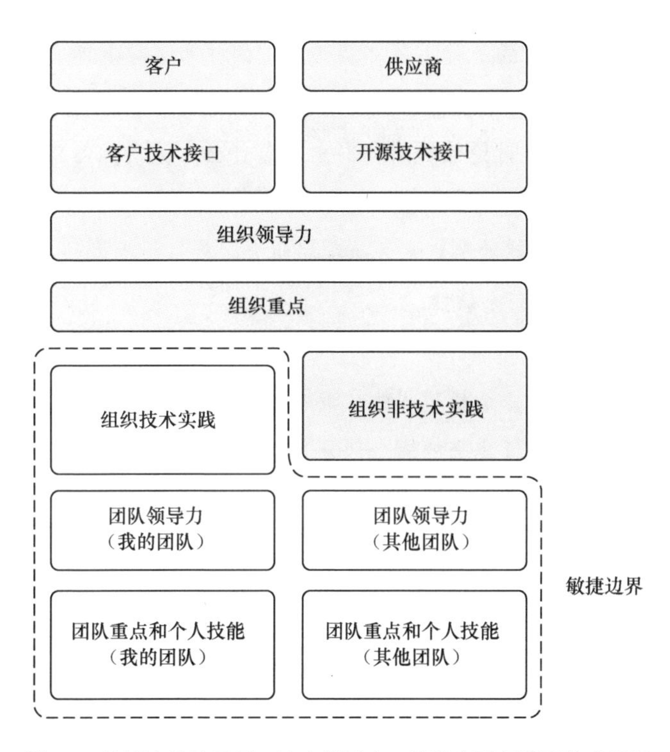

图 2-1 敏捷边界的示例。这个例子中，敏捷实践仅限于技术组织

错误界定敏捷边界可能造成期望偏差和其他问题。考虑这些场景：

- 敏捷的软件开发和非敏捷的规章制度；
- 敏捷的销售和非敏捷的软件开发；
- 敏捷的软件开发和非敏捷的企业客户。

任何组织都有边界。你打算在组织内将敏捷实施到哪种程度？什么对业务最有利？

给领导者的行动建议

检视

- 反思之前认为敏捷是“要么全盘接受，要么就毫无用处”的程度。这在多大程度上影响你改进管理和技术实践的方法？
- 与组织中至少三位技术领导者交谈。询问他们所说的“敏捷”意味着什么。询问他们指的是什么具体实践。你的技术领导者就“敏捷意味着什么”能够达成多大的认同？他们是否能在“什么不是敏捷”上达成一致？
- 与非技术领导者讨论敏捷对他们意味着什么。他们如何感知其工作和你的软件团队之间的边界或接口？
- 依据表 2-1 所描述的要点来评审项目组合。就每个因素给项目打分，1 是完全顺序，5 是完全敏捷。

调整

- 写下在组织中划分敏捷边界的初步方法。
- 编写一个随着阅读本书的剩余部分要回答的问题列表。

拓展资源

- Stellman, Andrew and Jennifer Green. 2013. *Learning Agile: Understanding Scrum, XP, Lean, and Kanban.* O'Reilly Media.

  这本书从支持敏捷的角度很好地介绍了敏捷概念。
- Meyer, Bertrand. 2014. *Agile! The Good, They Hype and the Ugly.* Springer.

  这本书一开始对敏捷运动过度兴盛提出了有趣的评论，并列明了与敏捷开发相关的最有用的原则和实践。

第3章　应对复杂性和不确定性的挑战

长久以来，软件项目一直致力于解决如何应对复杂性的问题，复杂性是许多挑战的根源，这些挑战包括质量低下、项目延期和彻底失败。

本章会探讨用于理解不确定性和复杂性的Cynefin框架，介绍如何将Cynefin框架应用于顺序软件和敏捷软件的问题。之后，本章会介绍OODA模型，这是一个在应对复杂性和不确定性时做出决策的模型。本章还会描述OODA决策方法比典型顺序决策方法更有优势的情况。

3.1　Cynefin框架

Cynefin框架（念作kuh-NEV-in）是戴维·斯诺登（David Snowden）在20世纪90年代后期供职于IBM时创建的（Kurtz，2003）。

其后斯诺登和其他人继续发展它（Snowden，2007）。斯诺登将Cynefin框架描述为“意义建构框架”（sense-making framework）。它有助于理解那些根据具体情况的复杂性和不确定性而发挥作用的策略。

Cynefin框架由5个域组成。每个域拥有自己的属性和建议的响应。图3-1展示了这些域。

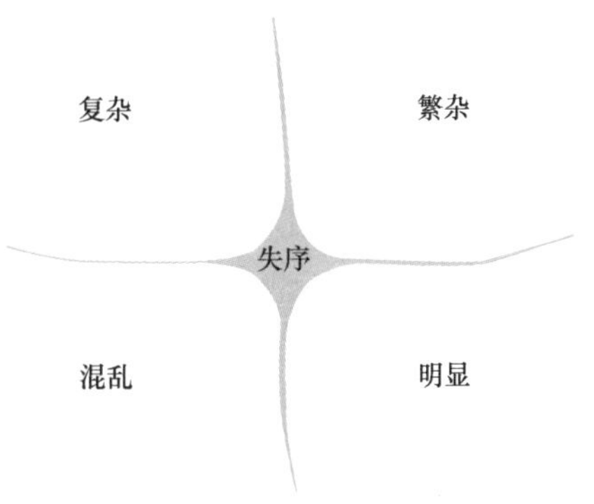

图3-1　Cynefin框架是一个有用的“意义建构框架”，能够应用于软件开发

Cynefin是威尔士语，意思是栖息地或者邻里。域不应该被看作分类，相反，

它们应该被看作意义的群集，这正是“栖息地”所强调的。

复杂域（complex domain）和繁杂域（complicated domain）是与软件开发最相关的域。接下来的几节会描述这 5 个域，以便提供上下文语境。

3.1.1 明显域

在明显域（obvious domain）中，问题是众所周知的而且解决方案也显而易见。每个人都认同唯一的正确答案。因果之间的关系简单而直接。这是模式发挥作用的域：程序化、过程化、机械行为。

Cynefin 框架将明显域问题的解决方案描述为：

感知 · 归类 · 响应

明显域问题的例子包括：

- 在餐厅点菜；
- 还贷；
- 给车加油。

在细节层面，软件团队会遇到很多明显域的问题，例如，这个 if 语句应该检测 0 而不是 1。

在项目层面，很难找到 Cynefin 框架所定义的明显域问题的例子。你上次见到软件问题只有一个全体都认可的正确答案是什么时候？软件领域的一项出色的研究表明，当不同的设计人员面对相同的设计问题时，他们的解决方案在实现设计的代码量上会有数十倍的差异（McConnell，2004）。以我的经验看，这种差异甚至存在于看上去很简单的任务中，如“创建这个简短的报告”。这就是与只能得到“一个正确解决方案”的区别。所以说，除了“hello world”程序，我认为软件开发中没有明显域的问题。就大型软件开发而言，我认为可以放心地忽略明显域。

3.1.2 繁杂域

在繁杂域（complicated domain）中，我们了解问题的大致情况，要问什么问题，以及如何获得答案。另外，存在多个正确答案。因果之间的关系是繁杂的——必须分析、调查和运用专业知识来理解因果之间的关系。不是每个人都能看出或理解因果之间的关系，这使繁杂域成为专家域。

Cynefin 框架将繁杂域问题的解决方法描述为：

感知 · 分析 · 响应

这种方法与明显域方法的差异在于中间步骤需要分析，而不是简单地归类问题并选择唯一正确的响应。

繁杂域问题的例子包括：

- 诊断发动机爆震的声音；
- 准备一顿美食；
- 编写获取特定结果的数据库查询；
- 修复生产系统中导致不完整更新的 bug；
- 为成熟系统的 4.1 版本排定用户需求的优先级。

这些例子的共同之处在于，要先形成对问题和解决问题的方法的理解，而后再直接解决问题。

许多软件开发活动和项目都属于繁杂域。历史上，这一直是顺序开发的所处域。

如果项目主要是在 Cynefin 框架的繁杂域，那么极度依赖于预先规划和分析的线性的顺序方法就能够发挥作用。当无法很好地定义问题时，使用顺序方法就会出现挑战。

3.1.3　复杂域

复杂域（complex domain）的特征是，即使对专家而言，因果之间的关系也不是一目了然的。与繁杂域相比，并不了解所有要问的问题——部分挑战就是发现问题。再多的事前分析也不能解决问题，而是需要不断试验来逐步找到解决方案。实际上，一定程度的失败是这个过程的一部分，而且常常需要基于不完整的数据来做决策。

对复杂域的问题，因果之间的关系只能事后了解——问题的某些要素是浮现出来的。但有了充足的试验，就能够足够清楚地了解因果之间的关系来支持做出实际的决策。斯诺登说，复杂域是协作、耐心以及让解决方案浮现的域。

Cynefin 框架将复杂域问题的建议解决方法描述为：

探索・感知・响应

这与繁杂域问题的区别在于，无法通过分析来解决问题。我们不得不先探索。最终，分析才会变得有意义，但不会马上生效。

复杂域问题的例子包括：

- 为难于为其买礼物的人买礼物——送了礼物，但自己知道肯定会换；
- 修复一个生产系统上的 bug，但在调试过程中由于诊断工具的介入使 bug 无法复现了；
- 为一个全新的系统挖掘用户需求；
- 创建运行在仍处于发展中的底层硬件之上的软件；
- 随着竞争对手更新软件而持续更新软件。

许多软件开发活动和项目属于复杂域，而且这正是敏捷开发的所处域。如果项目主要在复杂域，那么可行的方法是在能够完整定义问题前先开展试验和探索。

在我看来，顺序开发在复杂项目上的失败正是敏捷开发兴起的主要原因。

在一些情况下，可以对复杂项目进行足够详细的探索，从而将其转变成繁杂项目。而后，项目的剩余部分可以使用适合繁杂项目的方法。在其他情况下，复杂项目在整个项目生命周期中一直保持着大量的复杂元素。试图将复杂项目转变为繁杂项目就是在浪费时间，还不如将这些时间花在使用适合复杂项目的方法来完成项目。

3.1.4 混乱域

混乱域（chaotic domain）与之前三个域的模式有所不同。在混乱域中，因果之间的关系是混乱且动荡不定的。即使重复试验以及从事后来看，也无法发现因果之间的关系。既不知道要问的问题，探索和试验也不会产生一致的响应。

这个域还包含其他域中不存在的时间压力元素。

Cynefin 框架将混乱域定义为果断的行动导向的领导力域。推荐方法是在混乱中增加秩序并快速执行：

行动 · 感知 · 响应

混乱域问题的例子包括：

- 在灾害仍在发生时提供自然灾害救援；
- 阻止高中食堂的“食物大战”；
- 因为没有任何分析和探索能够发现 bug 的原因，所以通过回滚到之前版本来修复生产系统中的 bug；
- 在激烈的政治环境中定义特性集，在这种环境中，需求会因各个有权力的利益相关者的野心而不断涌现和变化。

寻找软件中项目级的混乱问题的例子是很困难甚至不可能的。虽然在修复 bug 的例子中有“没时间分析，只管行动”的因素，但这不是项目级的例子。特性集的例子是项目级的例子，但它并没有极端时间压力的因素，这意味着它不是 Cynefin 框架中混乱域问题的代表性示例。

3.1.5 失序域

Cynefin 框架图的中间位置被描绘为失序域（disorder domain），这个域表示不清楚哪个域适用于你的问题。Cynefin 框架推荐的处理失序的方法是将问题分解为元素，然后评估每个元素所属的域。

Cynefin 框架提供了一种方法来识别这些不同的元素并适当地处理它们。在复杂域中处理需求、设计和规划工作是一种方法，在繁杂域中是另一种方法。没有哪种方法适用于所有地方。

大多数软件项目级的问题都不能规整地包含在一个域中，因此牢记这些域是聚集在一起的邻接集合。问题或系统的不同元素可以展现出不同属性，可能一些是繁杂的，而另一些是复杂的。

3.1.6 Cynefin 框架和软件挑战

Cynefin 是一个有趣且有用的意义建构框架，这 5 个域都适用于软件之外的问题。然而，如图 3-2 所示，根据之前所述的原因，混乱域和明显域不能应用于整个项目级的问题。实用起见，这意味着软件项目应该将自己主要定位于繁杂域、复杂域或失序域（而失序域最终会归结为繁杂域、复杂域或两者的组合）。

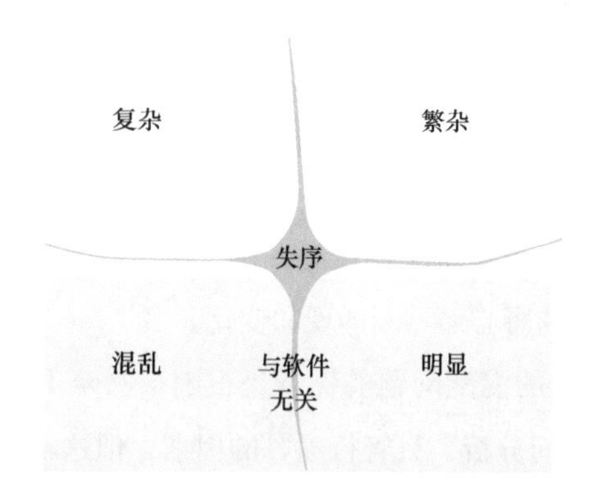

图 3-2 Cynefin 框架的域与软件挑战之间的关系

考虑到 Cynefin 框架中只有两个域可供选择，那么问一下“如果猜错项目的域会怎么样？”这个问题是很有用的。

如图 3-3 所示，项目拥有的不确定性越大，复杂（敏捷）方法就比繁杂（顺序）方法更有优势。

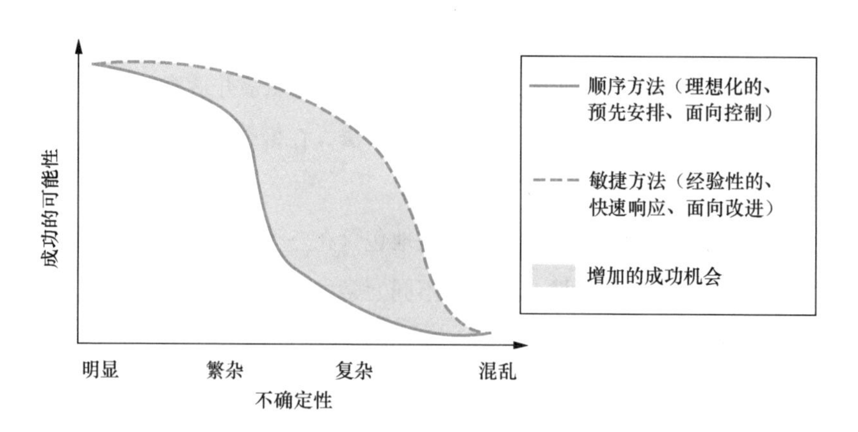

图 3-3 使用顺序方法和敏捷方法处理不同问题的成功可能性

如果认为项目主要是复杂的但结果却只是繁杂的，就会在探索和试验上耗费不必要的时间。这种情况下，猜错的明显后果是项目效率较低，但这是值得商榷的，因为所做的试验可能加深对项目的理解，进而改进执行的方式。

如果认为项目主要是繁杂的但结果却主要是复杂的，将花费时间分析、规划，以及可能至少部分执行一个自以为理解（但并不理解）的项目。如果一个为期 6 个月的项目在投入了 1 个月后发现任务实际上是不同的，可能需要彻底重新启动项目。如果为期 6 个月的项目已经投入了 5 个月，这个项目可能会彻底取消。

错判项目属于复杂域（但实际上是属于繁杂域）所带来的后果不如错判项目属于繁杂域（但实际上是属于复杂域）那般严重。因此，保险起见，应该总是使用敏捷实践把项目作为复杂的问题处理；除非你能够完全确定项目是繁杂的，那么顺序方法才是可行的。

3.2 在复杂项目上取得成功：OODA 循环

OODA 是处理复杂项目的一个有用模型。如图 3-4 所示，OODA 代表了观察（observe）、定位（orient）、决策（decide）和行动（act），通常被描述为“OODA 循环”。

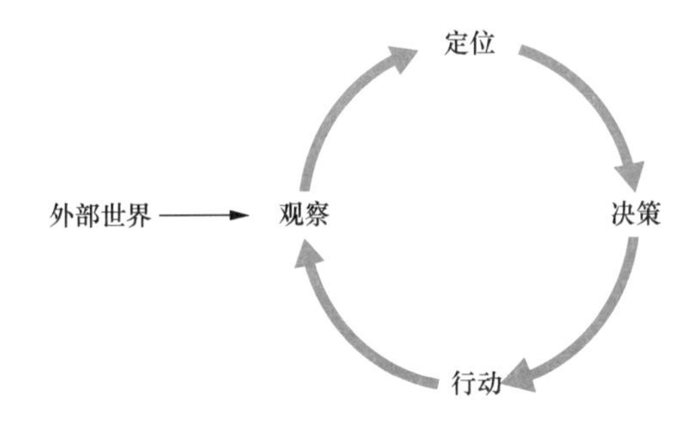

图 3-4　基本的 OODA 循环由从观察开始的 4 个步骤组成

OODA 起源于美国空军上校约翰·博伊德（John Boyd）对美国空军战机缠

斗结果的失望。他发明了 OODA 循环，作为一种加速决策的途径，通过它可以比敌人更快地做决策，让敌人的决策无效。OODA 是一种系统化的方法，用于建立上下文、制订计划、执行工作、观察结果，并将所学到的内容融入下一次循环。

3.2.1 观察

OODA 循环始于观察。观察现状，观察相关的外部信息，观察正在演变（浮现）的局势的各个方面，并观察局势正在演变的方面与环境如何相互作用。由于 OODA 非常强调观察，因此可以将 OODA 看作一种经验性方法——一种注重观察和经验的方法。

3.2.2 定位

在定位这一步，将观察和情境联系起来。博伊德说，我们将观察到的东西与我们的“基因遗传、文化传统、过往经验以及正在演变的环境”相关联（Adolph 2006）。简言之，你决定这些信息对你意味着什么，并且识别出可用的应对方式。

定位这一步提供了机会，使你能挑战假设，调整因文化差异与公司文化带来的盲点，进而更客观地解释观察得到的数据和信息。定位的时候，你会依据不断加深的理解来调整优先级，这让你可以意识到那些被其他人忽略的重要细节。苹果的 iPhone 就是一个典型的例子。智能手机行业的其他企业都专注于相机像素、射频信号质量和电池续航能力，苹果却定位到一种完全不同的方式，专注于创建具有开创性用户体验的移动信息设备。iPhone 几乎在所有方面都不如传统移动电话，但这并不重要，因为苹果意在解决一个不同但更为重要的问题。

3.2.3 决策

在决策这一步，你将基于定位所确定的选项做出决策。在军事场景中，常常决定做一些破坏对手计划的事情，这称为“侵入并影响对手的 OODA 循环”。这有时被解释为比对手运转得更快，但更准确地说，这是在以不同的节奏运行。当击球手期待一个快速球时，投出变速球（慢投）的棒球投球手通过更慢的操作来有效地侵入并影响对手的 OODA 循环。另一种思考方法是让对手玩你的游戏而不是玩他们的游戏（这正是苹果用 iPhone 做的事情）。

3.2.4　行动

最后，通过行动来实施决策。而后跳回到观察，以便能够了解行动的影响（正在演变的环境）并开始另一个循环。

3.2.5　超越基本的 OODA 循环

尽管基本的 OODA 循环看起来是一个线性循环，但完整的 OODA 循环的特性隐含了引导和控制，如图 3-5 所示。

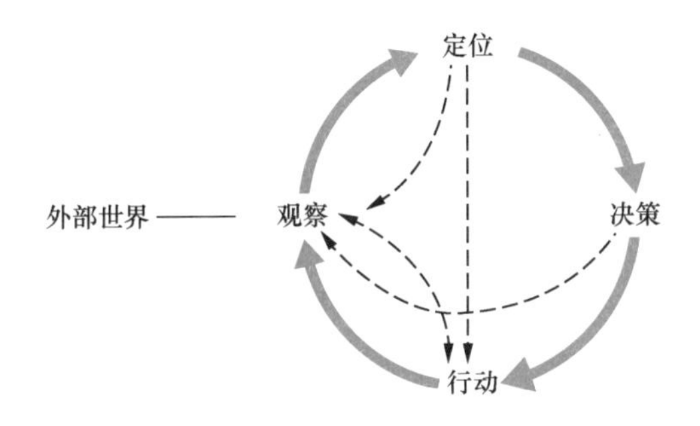

图 3-5　完整的 OODA 循环。如虚线所示，任何一步都可以径直去到行动或回到观察

你无须经过完整的 OODA 循环就会“把手从滚烫的火炉上拿开”，可以直接从观察转到行动。如果在观察或定位时遇到一个已识别的模式，可以直接转到行动（“正在下雨，所以我要开车而不是走路”）。

OODA 循环强调决策的速度，这让你在决策上战胜对手，但其他决策方法为了万全起见可能需要执行所有步骤。

3.2.6　OODA 与顺序开发的对比

公司现今正在解决的软件问题具有许多错综复杂的新兴特征，而顺序方法无法轻易解决具有这类特征的软件问题。敏捷实践通过更好的风险管理和更柔和的失败模式为这些问题提供了更好的解决方案。

OODA 方法与顺序方法之间的关键差异（汇总见表 3-1）在于，OODA 专注于观察环境并对其做出反应，而顺序方法关注的是控制环境。

表 3-1　顺序方法和 OODA（敏捷）方法之间不同的侧重点

顺序方法	OODA（敏捷）方法
初始关注规划	初始关注观察
注重长期	注重短期
预先安排	快速响应
理想化的	经验性的
将不确定性视为风险	将不确定性视为机会
面向控制	面向改进
能很好地处理繁杂问题	能很好地处理复杂问题和繁杂问题

顺序方法需要大的预先规划、大的预先设计等，而 OODA 方法适时地完成大部分工作，包括规划、需求、设计和实现。敏捷开发不像顺序开发那样尝试大量预测。可以认为顺序方法更注重预测性，而 OODA 方法更注重响应性。

顺序开发和敏捷开发都考虑长期和短期，但它们的侧重点是相反的：顺序开发有长期计划，并让短期工作适应长期计划；敏捷开发强调短期工作，它维持对长期计划的认知，目的在于为短期工作提供相关信息。

顺序开发将不确定性视为风险——是需要减少或消除的东西，而 OODA 将不确定性视为机会——是能够利用来获得战胜竞争对手的优势。

顺序开发和敏捷开发之间的总体区别可以总结为，一方使用规划、预测和控制，而另一方使用观察、响应和改进。

3.3　关键原则：检视和调整

我发现“检视和调整”是对 OODA 的有用简化，也是对敏捷开发中适当、高效的关注点的有用简化。敏捷团队应该避免对自己的实践持理想化的态度，应该根据经验观察，按已经证明行之有效的方案来调整其实践。敏捷团队应该定期检视和调整所有事情——计划、设计、代码质量、测试、流程、团队沟通、组织沟通——每一个可能影响团队效率的因素。未经检视就不能进行调整。改变应该基于经验。

正如在前一章中看到的，每章末尾的“给领导者的行动建议”强调了此原则的价值。

给领导者的行动建议

检视

- 评审当前项目。项目的哪些元素是复杂的，哪些元素是繁杂的？
- 评审一个近期有挑战性的项目。团队认为项目的重要方面属于繁杂域还是复杂域？这些项目的挑战是由于将复杂项目错误地归类为繁杂项目而产生的吗（反之亦然）？
- 项目使用检视和调整达到什么程度，还有何时、何地使用了检视和调整？
- 按照 OODA 观察谁是你的对手（具体的竞争对手、市场份额、利润目标、组织架构等）。
- 观察 3 ～ 5 个不确定性领域，你可能可以利用这些领域获得超越竞争对手的优势。

调整

- 汇总一份你的组织应该将其视为复杂而非繁杂的项目列表。与项目团队一起开始以应对复杂项目的方式处理它们。
- 以能获得超越竞争对手的优势的方式来对不确定性领域进行定位。
- 确定如何利用你对不确定性的洞察，然后采取行动。

拓展资源

- Snowden, David J. and Mary E. Boone. 2007. A Leader's Framework for Decision Making. *Harvard Business Review.* November 2007.
  这是值得一读的 Cynefin 框架介绍，它比我在本章中介绍的更为详细。
- Boehm, Barry W. 1988. A Spiral Model of Software Development and Enhancement. *Computer.* May 1988.
  从 Cynefin 框架的角度来看，这篇论文提出了一种项目管理方法，其中每个项目最初都被视为复杂的。研究问题，直到充分理解项目的全部挑战，从而可以将项目视作繁杂的。这样，项目就可以作为顺序开发项目（后简称顺序项目）来完成。
- Adolph, Steve. 2006. What Lessons Can the Agile Community Learn from a Maverick Fighter Pilot? *Proceedings of the Agile 2006 Conference.*
  这是在敏捷环境中对 OODA 的概述。
- Boyd, John R. 2007. *Patterns of Conflict.* January 2007.
  这本书是对约翰·博伊德上校的作战方针的再创作。
- Coram, Robert. 2002. *Boyd: The Fighter Pilot Who Changed the Art of War.* Back Bay Books.
  这本书是约翰·博伊德上校的深入详尽的传记。
- Richards, Chet. 2004. *Certain to Win: The Strategy of John Boyd, Applied to Business.* Xlibris Corporation.
  这本书对 OODA 的起源及其在业务决策中的应用做了通俗易懂的描述。

第二部分

卓有成效的团队

这一部分探讨与个人相关的问题以及个体之间如何组成团队。这一部分先描述最常见的敏捷团队结构——Scrum，然后探讨敏捷团队、敏捷团队文化、成员位置分散的团队以及支持高效敏捷工作的沟通技能。

如果对具体工作实践比对团队活力更感兴趣，请跳到第三部分“卓有成效的工作”。如果对高层领导力问题更感兴趣，请跳到第四部分“卓有成效的组织”。

第4章　卓有成效的敏捷从 Scrum 开始

我为之奋斗了35年（可能还会更久）的软件产业的主要挑战一直是避免先写再改的开发方式——不做预先思考或规划就编写代码，而后调试直到其能够工作。这种无效的开发方式导致团队花费超过一半的工作时间来纠正他们之前造成的缺陷（McConnell，2004）。

20世纪80年代和90年代，开发人员会说自己在做结构化编程，但许多人实际做的是先写再改，错过了结构化编程的所有好处。20世纪90年代和21世纪初，开发人员会说自己在做面向对象编程，但许多人仍旧是先写再改并承受其苦果。21世纪最初10年，开发人员和团队声称其正在进行敏捷开发，但即使有几十年的历史在警告他们，许多人也是先写再改。事物变化越多，他们则愈发一成不变！

敏捷开发带来的挑战是，它明确地面向短期并以代码为中心，这使得判断团队是使用高效能敏捷开发实践还是先写再改变得更为困难。满墙的便利贴并不一定意味着团队采用了一种有组织、高效的方式进行工作。

卓有成效的敏捷的任务之一是防范假装敏捷，即团队使用敏捷作为先写再改的幌子。

Scrum 是一个很好的敏捷实施的起点。

4.1　关键原则：从 Scrum 开始

如果你尚未开始实施敏捷或者实施敏捷时没有想象中那样高效，那么我会建议你从基础开始做起。而敏捷的基础，指的就是 Scrum。Scrum 是最规范的常见敏捷方法。它拥有由图书、培训产品和工具所组成的最大生态体系，而且有实际高效的证据。大卫•F. 里科（David F. Rico）的综合研究分析发现，实施 Scrum 的平均 ROI 是 580%（Rico，2009）。《Scrum 行业报告 2017—2018 年摘要》（*State of Scrum 2017—2018*）发现，84% 的敏捷实施采用了 Scrum（Scrum Alliance，2017）。

4.1.1　Scrum 是什么

Scrum 是一套轻量级但结构清晰、高纪律性的团队工作流程管理方法。Scrum 没有规定具体技术实践。它定义了工作如何在团队中进行，它还规定了一些特定角色以及团队将使用的工作协同实践。

4.1.2　Scrum 基础知识

如果熟悉 Scrum 基础知识，请随意跳过这部分并转到本章“常见的 Scrum 失败模式”一节（4.2 节），如果对失败模式也很熟悉，就跳到“Scrum 中的成功因素”一节（4.4 节）。《Scrum 指南》（*The Scrum Guide*，Schwaber，2017）通常被认为是对 Scrum 最权威的描述。我们公司在 Scrum 方面的经验大多数与指南描述的一致，因此，除了特别注明的地方，接下来的描述遵循了 2017 年 11 月版的指南。

Scrum 通常被概括为一组与规则绑定在一起的活动（也称为会议或仪式）、角色和产出物。

从概念上讲，Scrum 从产品负责人（product owner，PO，Scrum 中负责需求的人）创建的产品待办事项列表（product backlog）开始。产品待办事项列表是 Scrum 团队可能交付的一组需求、进行中的需求、特性、功能、故事、功能增强和 bug 修复。产品待办事项列表并不是一个包含了所有可能需求的完整列表，它应该关注最重要、最紧急和 ROI（投资回报）最高的需求。

Scrum 团队按 sprint 来组织工作，sprint 是为期 1 ～ 4 周的迭代。1 ～ 3 周的 sprint 通常表现最好。我们发现，风险随着 sprint 周期变长而增加，而改进机会则愈发有限。两周的 sprint 是最常见的。

与节奏相关的术语颇有些令人困惑。

- sprint 指开发迭代，通常按 1 ～ 3 周的节奏。
- 部署指对用户或客户进行交付，范围可以从按小时的在线环境到按年或更长时间的硬件设备的嵌入软件。不管交付是按小时、月或年进行，开发工作都可以按 1 ～ 3 周的节奏进行组织。
- “发布”一词的含义会随场景发生变化，但多数情况指的是比 sprint 范围更大的工作——更长时间或更大的内聚功能集合。

图 4-1 概括了 Scrum 项目的工作流程。

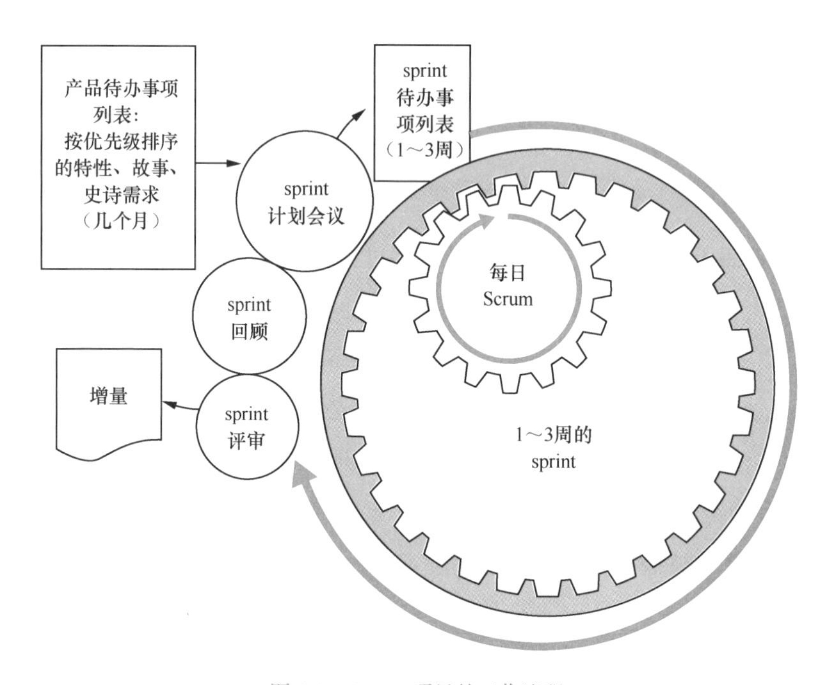

图 4-1 Scrum 项目的工作流程

每个 sprint 都从 sprint 计划会议开始，会议期间，Scrum 团队评估产品待办事项列表，挑选要放入 sprint 待办事项列表的工作子集，承诺在 sprint 结束时交付 sprint 待办事项列表中的事项，并制订进行 sprint 所需的其他计划。

团队还会在 sprint 计划会议上定义 sprint 目标，以简单明了地抓住 sprint 的焦点。如果工作在 sprint 期间以非团队预期的方式开展，sprint 目标为工作开始之后重新协商 sprint 细节提供了原则性基础。

整个团队在 sprint 计划期间进行设计，这样做是有效的，因为团队是跨职能的并且拥有做出良好设计决策所需的全部专业领域。

团队不会毫无准备地开始 sprint 计划会议。团队会在 sprint 计划会议之前对需求和设计进行足够的细化以支撑高效的会议。

团队在每个 sprint 结束时交付的功能被称为增量。在通常对话中，增量仅指每个 sprint 交付的新增功能。然而，在 Scrum 中，增量指的是迄今为止所开发的功能的聚合。

在 sprint 期间，sprint 待办事项列表被当作是一个紧闭的盒子。需求澄清会贯穿整个 sprint，但没人可以添加、删除或修改可能会危害 sprint 目标的需求，除非产品负责人同意取消此次 sprint 并重新开始这个循环。实际上，sprint 很少被取消。当优先级发生变化时，sprint 目标和细节有时会经协商而改变。

在 sprint 期间，团队聚在一起进行每日 Scrum（也被称为每日站会），除了 sprint 的第一天和最后一天，每天都会进行站会。时间限制在 15 分钟，专注检查 sprint 目标的进展，这个会议通常限定回答如下 3 个问题。

- 昨天做了什么？
- 今天要做什么？
- 有什么阻碍？

除了这 3 个问题，任何讨论通常会被推迟到站会之后，但也有些团队愿意在站会中进行更多的讨论。

当前的《Scrum 指南》已经不再推荐用这 3 个问题来组织站会，但我仍然认为它们为站会提供了重要的会议结构，有助于防止糟糕的会议。

Scrum 团队遵循“每日 Scrum—每天工作—每日 Scrum—每天工作”的基本节奏，在整个 sprint 期间不断重复。

在每个 sprint 期间，团队通常会使用如图 4-2 所示的 sprint 燃尽图来跟踪 sprint 的进展。

sprint 燃尽图基于任务估算，展示未完成任务剩余的小时数而不是已完成任务花费的小时数。如果一个任务计划花费 8 小时，但实际花费了 15 小时，图表展示剩余工作时只减少计划的 8 小时（这本质上与挣值管理相同）。如果团队对 sprint 的计划过于乐观，那么团队将在 sprint 燃尽图上看到，剩余工时的减少速度比预期的慢。

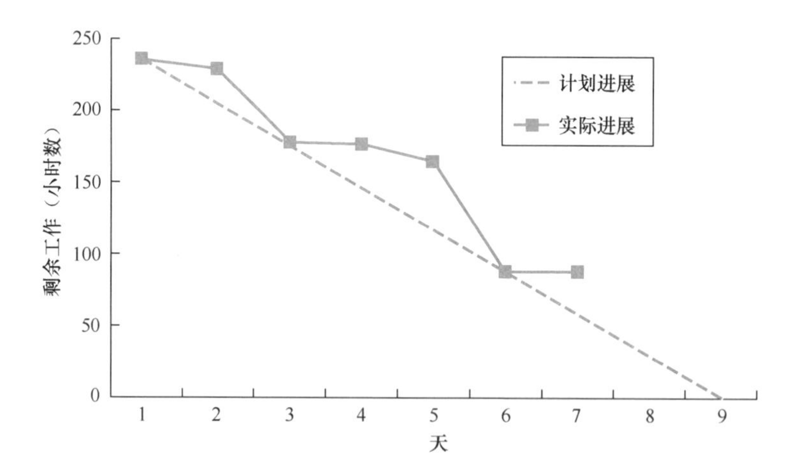

图 4-2 一个展示了计划与实际剩余小时数的 sprint 燃尽图示例。sprint 燃尽图通常基于任务小时数而不是故事点

有些团队在 sprint 中使用故事点（一种度量工作项的规模和复杂度的方法）而不是小时数来追踪进度。sprint 燃尽图的目的是支持每天追踪进度。如果团队通常每天至少完成一个故事，一个基于故事的燃尽图会展示每天的进展，使用故事追踪进展是合适的。如果团队通常每两到三天才完成一个故事，或者团队在 sprint 快结束时完成大部分故事，那么故事将不能提供每天的进度追踪，而小时数会是更有用的手段。

当组织重视长期的可预测性时，我们还建议团队使用“发布燃尽图”来追踪截至当前发布的总体进展。发布燃尽图会展示为此发布所计划的总故事点数、至今的进展速度，以及对发布完成时间的预测，如图 4-3 所示。

绘制更详尽、更丰富的燃尽图是可以实现的。它们可以以燃尽图或燃耗图的方式呈现。它们能够展示一个发布的功能累积、功能减少、预计完成日期的范围等。图 4-4 展示了一个更详尽的燃耗图的例子。

第 20 章深入讨论了如何支持敏捷项目的可预测性。

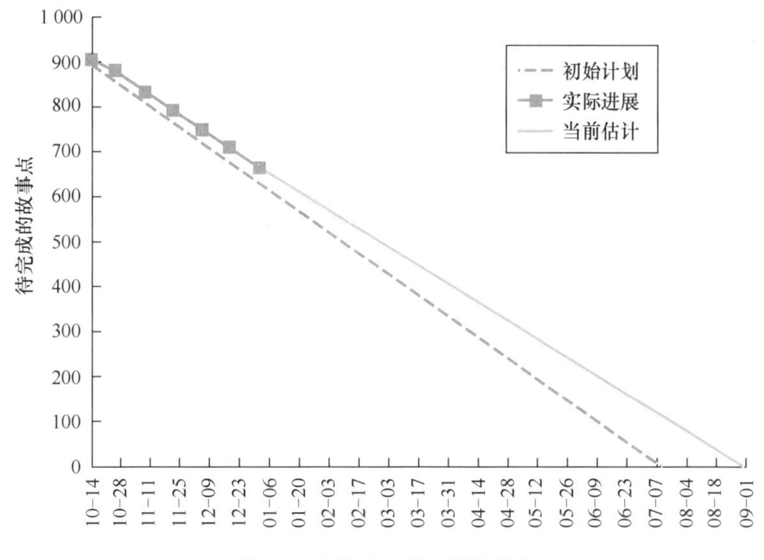

图 4-3　标准发布燃尽图的例子

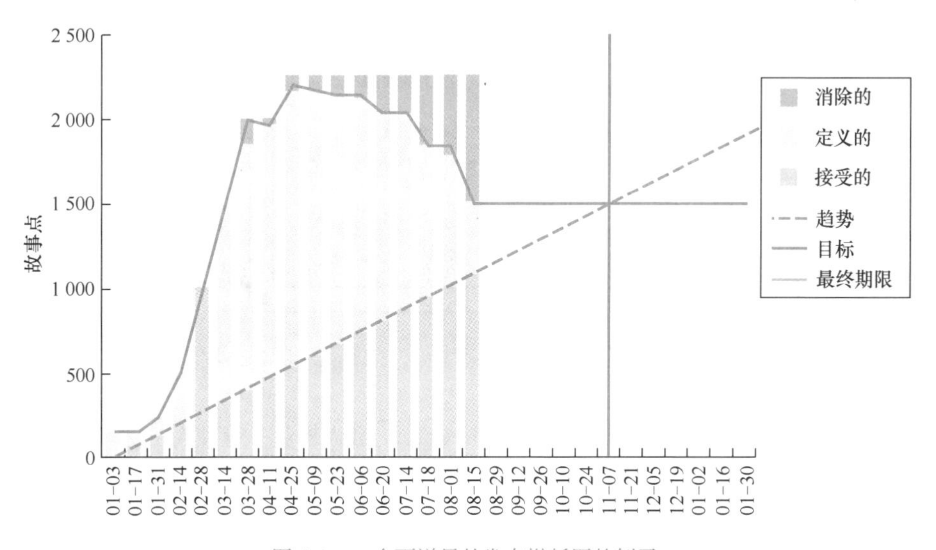

图 4-4　一个更详尽的发布燃耗图的例子

团队在整个 sprint 过程中维持高质量的工作。在 sprint 结束时，工作质量必须达到可发布水平，该质量级别要满足团队的完成定义（本章稍后进行解释）。团队不需要在每个 sprint 结束时真的发布软件，但质量必须足够好，做到日后不需要再做任何改动即可发布每个 sprint 所实现的内容。

sprint 结束时，Scrum 团队在被称为 sprint 评审或 sprint 演示的会议上演示其工作的实际结果。团队邀请项目利益相关者来交流观点并提供反馈。产品负责人依据约定好的验收标准以及利益相关者的反馈来接受或拒绝工作项，尽管这应该可以在 sprint 评审前就完成。团队使用 sprint 评审中获得的反馈改进产品及过程和实践。

每个 sprint 的最后环节是 sprint 回顾，团队借此回顾 sprint 的成功和失败之处。团队会借这个机会通过用检视和调整来改进其使用的软件开发过程。团队会回顾之前所有的过程改进项，逐一决定每项改进是继续保持还是撤销。此外，团队还会就下个 sprint 要实施的过程改进项达成一致意见。

4.1.3 Scrum 的角色

Scrum 定义了 3 个角色来支持项目工作流，如图 4-5 所示。

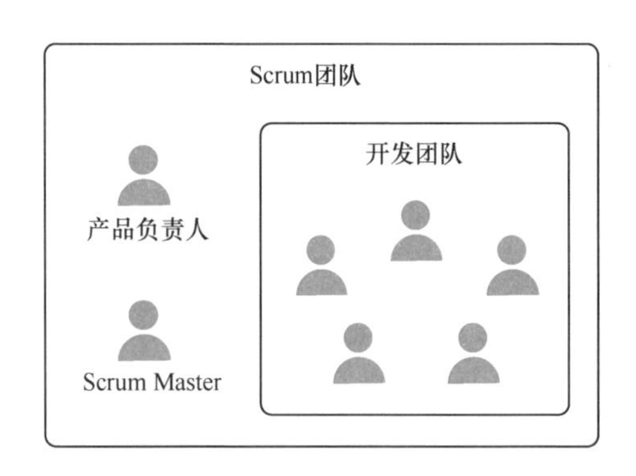

图 4-5 Scrum 团队的组织结构。Scrum Master 有时是开发团队的一分子，有时不是

产品负责人（product owner，PO）是 Scrum 团队与业务管理人员、客户和其他利益相关者之间的接口。产品负责人主要负责定义产品待办事项列表并对产品待办事项列表中的项目进行优先级排序，其首要职责是以最大化 Scrum 团队交付价值的方式来定义产品。产品负责人定期与团队一起细化产品待办事项列表。除了当前 sprint 待办事项列表中的待办事项，细化后的列表还包括两个 sprint 的待办事项（经过完整定义）。

Scrum Master 负责 Scrum 的实施。Scrum Master 帮助团队和更大的组织理解 Scrum 理论、实践和通用方法。Scrum Master 管理流程，必要时强制流程执行，清除障碍，以及指导和支持 Scrum 团队的其他成员。Scrum Master 的角色也可以由团队中的技术贡献者来充当，只要给他分配了足够的时间来扮演好 Scrum Master 角色就没问题。

开发团队由跨职能的个人贡献者组成，他们的工作是直接实现待办事项。

整个 Scrum 团队通常包括 3 ～ 9 人的开发人员，外加 Scrum Master 和产品负责人。

请注意，Scrum 角色只是角色——它们不一定是职位。如同一位资深高管对我说的，“我们的职位没有基于 Scrum 角色。我们不想让用人实践依赖于我们的技术方法。”

4.2　常见的Scrum失败模式

我的公司看到的无效 Scrum 实施比有效的多得多。大多数无效实施都是“Scrum-but”，意思是，“我们在做 Scrum，但我们没有使用某些关键实践。”例如说，“我们在做 Scrum，但我们没有做每日站会。”或者，“我们在做 Scrum，但我们没有进行回顾。”再或者，“我们在做 Scrum，但我们一直没有安排产品负责人的角色。”无效 Scrum 实施通常至少丢弃了一个 Scrum 基本属性。这是我最喜欢的例子：“我们调查了 Scrum 但发现大多数实践在我们组织中都不起作用。我们在做 Scrum，但我们使用的主要实践是每日站会，我们在周五进行站会。”

与通常庞大的敏捷实践不同，Scrum 是管理工作流的最小流程。因为它已经是最小的了，所以真的不能移除 Scrum 的任意部分却仍能获得 Scrum 的好处。

> 完美的状态，不是无可增加，而是无可删减。
>
> ——安托万・德・圣・埃克苏佩里

如果组织已经实施了 Scrum 却没有感受到它的显著好处，首先要问的问题是：“我们真的实施了 Scrum 吗，还是只实施了部分 Scrum ？”

高级 Scrum 实施可能通过对 Scrum 流程应用严格的检视和调整而最终移除

Scrum 的特定部分。但那是高级活动，而不是初学者的活动。初学者照本宣科地实施 Scrum 会更好。

接下来的部分描述了我们在 Scrum 实施中看到的最常见的挑战。

4.2.1 不称职的产品负责人

在敏捷开发出现前的十几年里，最常见的项目挑战和失败的根源是低质量需求。在后敏捷时代，Scrum 项目问题最多的角色是负责需求的角色就一点儿也不奇怪了。

与产品负责人有关的几种问题形式如下：

- 没有产品负责人——产品负责人这个角色的职责由 Scrum 团队中的成员来填补；
- 产品负责人精力过于分散——Scrum 团队一直在等待需求，一个产品负责人的精力最多只能支持 1 ～ 2 个团队，很难再多了；
- 产品负责人没有充分了解业务——这导致提供给 Scrum 团队低质量的需求或者优先级不高的需求；
- 产品负责人不知道如何具体说明软件需求——这是向 Scrum 团队提供低质量需求的另一种方式；
- 产品负责人不理解开发团队的技术挑战——没有有效地确定技术导向工作的优先次序，或者强迫采用“搞定就好”的方法，从而导致技术债的积累；
- 产品负责人没有与 Scrum 团队的其余人员同地办公——Scrum 团队的其余人员无法及时得到需求问题的回复；
- 产品负责人没有得到产品的充分决策权；
- 产品负责人的关注点背离业务的关注点——产品负责人将团队引导到之后被业务拒绝的方向；
- 产品负责人不代表典型用户——例如，产品负责人是一个超级用户而且太过于关注细节；
- 产品负责人拒绝遵循 Scrum 规则——强迫在 sprint 期间变更需求或者打乱 Scrum 项目。

许多这样的问题根源于公司没有像对待开发团队和 Scrum Master 角色那样认真对待产品负责人这个角色。公司应该将产品负责人视为 Scrum 团队最具影响力的角色并相应地优先安排这个角色。通过适当的培训，业务分析师、客户支持人员以及测试人员都有可能成为出色的产品负责人。第 14 章将讨论如何能成为一名卓有成效的产品负责人。

4.2.2 产品待办事项列表细化不足

在 Scrum 中，产品待办事项列表被用来给开发团队安排工作。产品负责人负责维护产品待办事项列表。待办事项列表细化需要持续进行以便团队不会缺乏工作。

待办事项列表细化（有时也称为“待办事项列表梳理”）包括用足够的细节充实故事以支持故事的实现、将无法安排到一个 sprint 的大故事切分成小故事、添加新故事、更新不同待办事项的相对优先级、估算或重新估算故事等。通常而言，细化待办事项列表是为 Scrum 团队补充在下一个 sprint 开始实现的、有价值的待办事项所需的细节。使用一个关于需求的就绪定义也很有用，第 13 章将会对其进行讨论。

待办事项列表细化不充分会给 Scrum 团队带来很多问题。细化良好的产品待办事项列表对敏捷项目具有决定性作用，因此第 13 章和第 14 章对此进行了更为深入的讨论。

待办事项列表细化名义上是整个团队的活动。但是，因为产品负责人负责维护产品待办事项列表，所以如果一个项目深受之前所说的产品负责人角色配置不足的问题所害，那么它通常也会成为糟糕的待办事项列表细化的牺牲品。

4.2.3 故事过大

为了支持在每个 sprint 结束时让工作达到可发布状态，故事应该可以在单个 sprint 中完成。这里没有什么硬性规定，但有两个有用的指导：

- 团队应该分解故事，以便单个故事在整个 sprint 中不会花费超过一半团队的一半的时间；大多数故事都应该更小；
- 团队应该每个 sprint 完成 6 ～ 12 个故事（假设是建议的团队规模）。

总体目标是让团队在 sprint 中完成故事——不是在最后几天时间，而是一路持续完成。

4.2.4 没有每天进行站会

每日 Scrum 可能变得枯燥重复，因此有些团队会朝着每周举行三次的方向发展——有时甚至是一周只举行一次。然而，每天举行每日 Scrum，从而让团队成员有机会协同工作、寻求帮助以及彼此监督，是非常重要的。

我们听到的不愿意每天进行每日 Scrum 最常见的原因是会议太长。这确实是个问题！会议应该限制在 15 分钟内，聚焦在 3 个问题上，这些问题可以在这段时间内完成。解决过长的每日 Scrum 的方法不是消减会议数量，而是限制每次会议的时长并聚焦在 3 个问题上。本章稍后会提供有关每日 Scrum 的更多细节。

4.2.5 sprint 过长

1 ～ 3 周的 sprint 是目前的最佳实践，大多数团队倾向于 2 周。当 sprint 的长度超过 3 周时，将更有可能滋生计划错误、sprint 承诺过于乐观、拖延等各种问题。

4.2.6 强调水平切片而不是垂直切片

垂直切片指的是跨整个技术栈的完整功能。水平切片指的是不直接产生可演示的业务级功能的支持功能。以垂直切片的方式进行工作，支持更紧密的反馈循环并能更早交付业务价值。水平切片与垂直切片的对比是一个重要主题，我们将在第 9 章中进行更详细的讨论。

4.2.7 开发团队和测试团队各自独立

顺序开发遗留的一个常见问题是开发团队和测试团队各自独立。这种结构使 Scrum 团队失去了其高效运作所需的跨职能专长。

4.2.8　完成定义不清晰

严格的完成定义（definition of done，DoD）是维持高质量的重要支撑之一。这有助于确保当个人或团队声明一项工作要“完成”时，团队和组织能够真正确信该事项没有剩余工作。完成定义是有效的出口标准，它定义了工作发布到生产环境或进入接下来的集成或测试阶段所必须达到的标准。第 11 章将更详细地讨论这个主题。

4.2.9　每个 sprint 质量没有达到可发布水平

过度的进度压力的后果之一是团队和个人将表面进展置于实际进展之上。由于质量没有基本功能那么明显，处于压力之下的团队有时会强调数量而不是质量。他们可能会实现 sprint 待办事项列表中的功能，却没有执行测试，没有创建自动化测试，或者没有确保软件质量已经开发到可发布水平。这导致一些任务在尚未完成时就声明工作已经完成。

我们发现，更为成功的敏捷团队不会等到 sprint 结束时才实现可发布的质量：他们在开始下个故事前会让每个故事达到可发布的质量水平。

4.2.10　不进行回顾

当团队感觉被他们负责的工作压垮时，他们常常会跳过回顾。这是个巨大的错误！除非给自己一个机会，从最初导致这个循环的规划和承诺错误中汲取教训，否则过度承诺和精疲力竭的恶性循环会持续。

敏捷开发依赖于检视和调整循环，Scrum 让团队能够经常有机会做这件事。

4.2.11　从回顾中学到的经验没有应用于接下来的 sprint

我们最常看到的终极失败模式是举行 sprint 回顾但不在接下来的 sprint 中实际应用学到的经验教训。要么是将经验教训累积起来留待“以后”实施，要么是将回顾会议变成了一场吐槽会议，未能真正关注于产出纠正措施并付诸行动。

不要容忍问题——做些事情解决它们。我们看到的大多数影响交付能力的问题都会被团队解决掉。假设团队通过回顾来采取纠正措施，你将惊讶于他们改进的速度有多快。第 19 章将详细讨论回顾。

4.2.12　“Scrum 和……”

你只需启动 Scrum 就好，不需要更多东西。有些团队尝试不必要地增加其他实践。我们合作过的一家公司告诉我们，“我们在第一个实施 Scrum 的团队上取得了成功，但此后我们再也找不到另一个团队愿意实施 Scrum，要么是因为不愿意做结对编程，要么是因为不知道如何在遗留环境中做持续集成。”Scrum 并没有要求结对编程和持续集成。该公司在认识到团队能够在不使用结对编程或持续集成的情况下实施 Scrum 后，才终于成功铺开了对 Scrum 的使用。

4.2.13　不称职的 Scrum Master

Scrum Master 是避免这些失败模式的首要负责人。Scrum Master 的问题与产品负责人的一些问题类似：

- 没有 Scrum Master ——团队在没有确定 Scrum Master 的情况下期望采用 Scrum；
- Scrum Master 精力过于分散，支持太多团队；
- 承担了 Scrum Master 和开发人员两种角色的 Scrum Master 将个人开发工作的重要性置于 Scrum 工作之上；
- Scrum Master 理解 Scrum 不到位，无法指导团队和其他项目利益相关者。

显而易见，Scrum Master 对卓有成效的 Scrum 实施至关重要，但我们常常发现组织会削减这个角色。本节描述的诸多问题都能够通过卓有成效的 Scrum Master 加以避免。

4.3　Scrum 失败模式的共同点

刚刚描述的失败模式都是“Scrum-but”这一套路的各种变化。对实施敏捷开发的团队或组织而言，第一要务是确保完全遵循规范地使用 Scrum。

多数失败模式的另一个共同属性是：无法始终如一地使用高纪律性的实践。一个高纪律性的实践是人们倾向于渐渐远离的实践，除非有社会或结构性的支持来确保实践的发生。

Scrum Master 负责确保团队使用 Scrum 的高纪律性的实践（以及其他实践）。Scrum 中的会议——sprint 计划会议、每日 Scrum、sprint 评审和 sprint 回顾——为高纪律性的实践提供了社会性和结构性支撑。

4.4 Scrum中的成功因素

每种失败模式都可以转换成一种成功因素，由此产生了下面这样的列表：

- 拥有一个高效的产品负责人；
- 细化产品待办事项列表；
- 保持故事足够小；
- 每天举行每日 Scrum；
- 把 sprint 周期限制在 1 ～ 3 周；
- 将工作组织为垂直切片；
- 将测试、测试人员和 QA（quality assurance，质量保障）工作集成到开发团队中；
- 创建清晰的完成定义；
- 每个 sprint 质量达到可发布水平；
- 对每个 sprint 进行回顾；
- 尽快将回顾中所学到的经验教训应用于 sprint；
- 拥有一个高效的 Scrum Master。

之后的章节会给出有关这些主题的更多细节。

4.5 一个成功的sprint

一个成功的 sprint 会支撑 Scrum 的主要目标——交付可能带来最高价值的产品。在 sprint 这个层面，这包括如下工作：

- sprint 交付一个完全满足完成定义的、可用的、有价值的产品增量（功能集成）；
- 此次 sprint 增量与之前的 sprint 相比带来了价值的增加；
- 与之前的 sprint 相比，Scrum 团队改进了流程；
- Scrum 团队从中学到了关于自身、业务、产品或客户的一些新东西；
- Scrum 团队的积极性与上一次 sprint 结束时一样好，甚至更好。

4.6 典型sprint的时间分配

本章已经讨论了 Scrum 中发生的全部活动，很容易得出这样的结论：Scrum 中软件开发不太多。表 4-1 展示了一个颇具代表性的示例，Scrum 团队的开发人员在为期 2 周的 sprint 中是如何分配工作的。

表 4-1 在 sprint 中工作分配的示例

sprint 计划参数	
sprint 持续时间（工作日）	10
每天的理想小时数（专注于项目的小时数）	6
每个 sprint 每个开发人员总共的理想小时数	60
每个开发人员、每个 sprint 的 Scrum 活动	**小时数**
包括测试在内的开发工作	48
每日 Scrum（站会）	2
产品待办事项列表细化（5%）	3
sprint 计划	4
sprint 评审	2
sprint 回顾	1
总计	60

表中的“理想小时数”指的是专注于项目的小时数（除了日常开销外可用的时间）。每天 5 ～ 6 小时的理想小时数是成熟大公司的典型情况，小公司每天平均 6 ～ 7 小时的理想小时数，初创公司的平均小时数有时会更高。

每个 sprint 有 60 个理想小时，大约 20% 可以用于计划或过程改进，80% 可以用于开发工作。

4.7　向 Scrum 过渡的问题

团队需要了解如何解决实际的实施问题——成员位置分散、遗留系统、产品支持、扮演新角色的挑战等。

在一开始实施 Scrum 时，团队会感到正在慢下来。实际上，起初团队会更快遇到他们本应该一开始就更频繁做的工作（那些在顺序项目中被堆到最后的工作或者是那些不可见的工作）。随着团队变得越来越熟练，人们会感到速度不断增加。

4.8　Scrum 计分卡

为了评估 Scrum 实施的准确度，我们发现用关键 Scrum 成功因素来给 Scrum 项目打分是很有用的。图 4-6 展示了第 1 章中的 Scrum 星状图的例子。

图表使用的键值：

- 0——未应用；
- 2——极少使用，并且效果不好；
- 4——偶尔使用，效果一般；
- 7——持续使用，并且效果不错；
- 10——充分利用。

灰线反映了我的公司自 2010 年开始在咨询和培训的超过 1000 个敏捷团队中所观察到的实践的一般情况，并且对近两年的观察有所侧重。

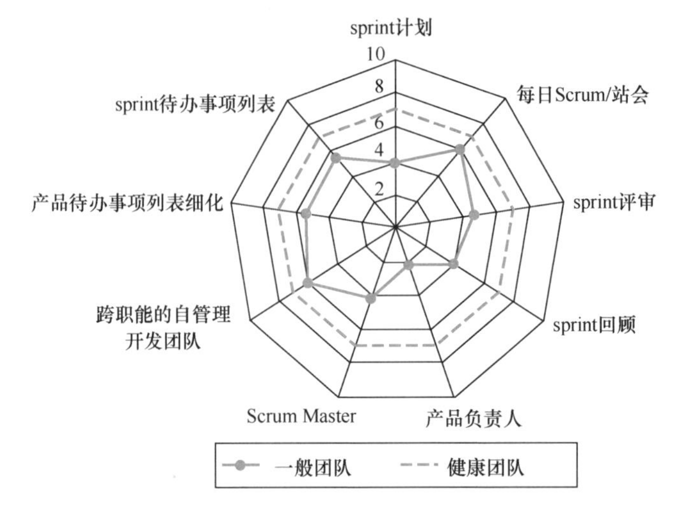

图 4-6 一个根据关键 Scrum 成功因素来展示 Scrum 团队表现的诊断工具

虚线展示了健康团队的情况。如之前所述，我们看到的一般团队不能很好地使用 Scrum！一个健康、高效的 Scrum 团队在所有成功因素的得分上应该达到或超过 7 分。

4.9 Scrum的检视和调整：每日 Scrum

随着时间发展，高效能团队会检视并调整 Scrum 实施。起初会照本宣科地实施，之后随着实际经验的积累而进行调整。

团队最常定制的实践就是每日 Scrum，大概是因为它执行得最频繁并提供了最频繁的反思与改进的机会。

我们看到团队用许多方式来定制 3 个问题。这里是团队改变第一个问题的一些方法。

- 你昨天做了什么？（标准问法）
- 你昨天完成了什么？
- 你昨天按照完成定义达成了什么？
- 你昨天是如何朝着 sprint 目标迈进的？

- 你昨天是如何推进 sprint 计划的？

团队会改进每日 Scrum 的执行方式。有些团队会将 3 个问题投在一个显示器上以防会议偏离这些问题。有些团队会使用发言棒来限制场外讨论。有些团队从 3 个问题转向更注重讨论的方法。只要团队监控每个改变是否带来了改进，那么这样的改变就是健康的。

4.10 其他考虑

敏捷开发的一个特点是名号响亮的实践持续激增。每种实践都是由一个聪明的顾问或实践者由于某个原因而发明的，每种实践至少在一个组织中至少有一次运作良好。每种实践都有其拥护者。

本书聚焦于那些已被证明有效且已在许多企业中广泛应用的实践。从本章开始，这个“其他考虑”部分会描述一些你可能听说过的有代表性的实践，但从我们公司的经验来看，它们还未能达到已被充分证明有效或已被广泛应用的标准。

4.10.1 极限编程

对敏捷开发最初的关注多数在极限编程（eXtreme Programming，XP）上（Beck，2000）（Beck，2005），这是一组体现早期敏捷原则的、特定的技术实践、流程和信条。正如其宣传的，早期对 XP 的关注是极端的，但将 XP 作为整体开发方法从而长期使用并不成功。当第一版 XP 被描述为需要整体使用全部 12 种实践的时候，即使被吹捧为范例的项目也只使用了大约一半的实践（Grenning，2001）（Schuh，2001）（Poole，2001）。

自 21 世纪初，强调全面使用 XP 的声音就逐渐式微了。如今 XP 的贡献是现代敏捷开发不可或缺的技术实践的来源，包括持续集成、重构、测试驱动开发和持续测试。

4.10.2 看板

看板是一个用于在开发工作的各阶段调度和管理工作的系统。看板强调的是将工作拉动到后续阶段而不是从前面的阶段推动。看板为工作可视化、减少在制品数量以及最大化系统流动性提供了支持。

从 Cynefin 框架的角度看，看板适用于主要关注优先级和吞吐量的繁杂工作，而 Scrum 更适合复杂工作，因为它关注小步、迭代地达到总体目标。两者均可以成为过程改进的良好基础。

看板较之 Scrum 更适合小团队（1 ～ 4 人），或者更适合面向生产的工作而不是面向项目的工作。

随着敏捷实践的使用日趋成熟，Scrum 团队通常会逐步将看板融入 Scrum 实施中，有些组织已经成功地将看板用作大型项目组合管理工具。

有些团体或团队已经成功地用看板开始了他们的敏捷实施。然而 Scrum 更结构化、更规范，也更面向团队，因此它通常是开始敏捷开发的最好起点。

第 19 章中会更详细地讨论看板。

给领导者的行动建议

检视

- 对团队进行访谈，了解团队使用 Scrum 的情况。让他们按照 Scrum 计分卡对自己进行评分。他们如何有效地使用 Scrum？
- 与关键团队成员一起回顾本章的 Scrum 失败模式，找出需要改进的地方。
- 审查团队 Scrum Master 的人员配置。Scrum Master 是否能够高效地帮助团队执行 Scrum 实践，包括与 Scrum 失败模式相关的高纪律性的实践?

调整

- 坚持让团队照本宣科地使用 Scrum——除非他们展示出以定量和度量为基础的不同做事方式（第 19 章将详细介绍度量敏捷过程改进的方法）。
- 如果 Scrum Master 不胜其任，要么培训和发展他们，要么对其进行撤换。

拓展资源

- Schwaber, Ken and Jeff Sutherland. 2017. The Scrum Guide. The Definitive Guide to Scrum: The Rules of the Game. [Online]

  这个简短的 Scrum 指南被许多人认为是敏捷实践的权威描述。

- Rubin, Kenneth. 2012. *Essential Scrum: A Practical Guide to the Most Popular Agile Process*. Addison-Wesley.

  这是 Scrum 的全面指南，它阐述了与 Scrum 实施的相关常见问题。

- Lacey, Mitch. 2016. *The Scrum Field Guide: Agile Advice for Your First Year and Beyond, 2d Ed*. Addison-Wesley.

  这个 Scrum 实施指南关注 Scrum 实施过程中出现的具体实际问题。

- Cohn, Mike. 2010. *Succeeding with Agile: Software Development Using Scrum*. Addison-Wesley.

  除了鲁宾（Rubin）的书（2012）或莱西（Lacey）的书（2016），这本书也是一个很好的选择。

- Sutherland, Jeff. 2014. *Scrum: The Art of Doing Twice the Work in Half the Time*. Crown Business.

  这本经管图书呈现了 Scrum 的故事。

- Stuart, Jenny, et al. 2018. Six Things Every Software Executive Should Know About Scrum. [Online]

  这是面向高管的 Scrum 简单概述。

- Stuart, Jenny, et al. 2017. Staffing Scrum Roles. [Online]

  本文描述了在配置 Scrum 角色的人员中遇到的常见问题。

第 5 章　卓有成效的敏捷团队结构

团队是敏捷开发生产力的基本单位——是高效的团队，而不是高效的个人。这是核心观念。由于不理解敏捷团队成功需要什么以及没有以团队需要的方式支持他们，许多组织从一开始就妨害了敏捷实施，我们已经看到不少这样的情况。

本章探讨与敏捷团队相关的结构问题，下一章探讨敏捷团队文化。

5.1　关键原则：搭建跨职能团队

2018 年的“Accelerate: State of DevOps”报告发现，“高效团队在单一的，跨职能的团队中有两倍的可能开发和交付软件……我们发现，与在分隔、孤立情况中的低效团队相比，高效团队软件开发和交付的效率是其两倍”（DORA，2018）。

高效敏捷团队包括团队独立工作所需的功能或纪律（也就是说，很大程度上是自管理的）。根据 Cynefin 框架复杂域的工作界定，团队的多数工作由探索、感知和响应组成。如果团队每次探索或感知都需要走到团队外部，它将没有能力及时做出响应。团队必须能够对自己的大多数工作做决策，包括关于产品细节（需求）、技术细节和过程细节的决策。大多数编写生产代码的人也应该创建大量自动化测试并梳理需求细节。这样的团队能够在复杂环境中快速前进并且仍能可靠地支撑业务需求。

跨职能的自管理团队通常至少需要如下专业人员：

- 来自应用程序不同层（前端、后端等）并且拥有不同专业技术（架构、用户体验、安全等）的开发人员；
- 来自应用程序不同层的测试人员；

- 技术文档撰写人；
- 所使用的开发流程的专家（Scrum Master）；
- 行业专家；
- 为团队提供业务理解、愿景和 ROI 的业务专家（产品负责人）。

很难组织一个既拥有全部需要的技能又将规模维持在建议的 5 ～ 9 人之内的团队。同一个人需要扮演多个角色，而且多数组织需要帮助员工发展额外的技能。第 8 章探讨了这方面的实践。

除了技能，高度跨职能团队必须拥有及时做出有约束力决策的能力和权力。

5.1.1　决策能力

决策能力在很大程度上受团队组成方式影响。团队是否拥有进行高效决策所需要的全部专业知识？团队是否拥有架构、质量、可用性、产品、客户和业务方面的专业知识？或者，团队是否要到外部寻找这些领域的专家？

缺乏这些领域专业知识的团队没有能力成为高效的跨职能团队。团队常常会遇到他们没有专业知识却需要进行决策的领域。他们需要接触组织的其他部分来获得这些专业知识，这会带来很大延迟。团队并不总是清楚要接触谁，而且确定正确人选会耗费时间。外部人员也并非总是随即有空，向外部人员交代团队背景也会耗费时间。如果团队需要就外部人员的意见给出反馈，该反馈也会经历许多相同的延迟。团队和外部人员会做假设，其中一些会被证明是错误的，但仍会花费很多时间发现和纠正这些错误。

每个团队偶尔都需要向外求助，但如果团队拥有内部进行大部分决策所需要的全部专业知识，它能够在几分钟内解决问题，而如果团队没有专业知识的话，可能会花费数天。团队应该以此方式组建——能够自己解决尽可能多的问题。

一个 5 ～ 9 人的团队不可能拥有无数专家。常见的变通方法是，每次让诸如用户体验或架构这样领域的非全职专家介入几个 sprint。

是否愿意为敏捷团队配备内部可以完成大部分决策的专家，这对敏捷实施是成败攸关的问题。

5.1.2 职责范围内的决策权力

决策权力，部分来源于团队代表的所有关键利益相关者，部分来源于组织的相应许可。为了高效运转，团队需要能够制定有约束力的决策——组织中的其他人无法撤销的决策。

缺乏足够的权力会引发几种情况，它们都是反生产力的：

- 团队会花费大量时间重新制定已经被组织中其他人推翻的决策；
- 团队会以过于谨慎的步伐行动，因为他们要不时提防其决策被事后批评或推翻；
- 团队会在寻求组织中其他人批准决策时进入等待状态。

权力和能力必须同时考虑。如果组织没有创造出赋予团队决策能力的环境，那么授予决策权力就是无效的。如果团队真正代表了所有利益相关者的利益，所有决策都会从所有相关角度进行考虑。这并不意味着团队永远不会犯错。这意味着团队有一个良好的基础进行决策，组织的其他人也有一个良好的基础来信任团队的决策。

组织不愿意赋权给团队，让他们能够制定有约束力的决策，这是敏捷团队和敏捷实施失败的另一个根源。

5.1.3 成长起来的自管理团队

真正的自管理团队不能从模子里刻出来，他们必须成长为自管理团队。团队并不总是第一天就准备好自管理。团队领导者的一部分工作是了解其团队的成熟度并通过领导、管理和指导来帮助团队培养自管理能力。

5.1.4 犯错的作用

和其他类型的团队一样，敏捷自管理团队也会犯错误。如果组织已经建立起一套高效的学习文化，那就没什么问题。一方面，团队将从错误中学习并改进。另一方面，知道组织足够信任团队并允许他们犯错，这会是一种巨大的激励。

5.2 测试人员的组织

测试人员的组织在我整个职业生涯中一直处于变化之中。之前，测试人员被合并到开发团队中并汇报给开发经理。这被发现是有问题的，因为开发经理会对测试人员施压，“不要找那么多缺陷”——结果反而让客户发现缺陷。

那之后的几年里，测试人员被划分到自己的团队中，通常在不同的工作地点，而且不再汇报给开发经理。他们通过不同的汇报结构进行汇报，通常在总监或副总裁级别之前都不会和开发人员的汇报结构存在交集。这种结构带来了新的问题，包括开发和测试之间的对立。这种对立由于“测试人员负责把关”的心态而加剧，这种情况下，测试人员直接或间接负责防止低质量的发布。开发和测试的职责分离造成开发人员推卸掉测试自己代码的责任。

在测试人员的下一个组织进化阶段中，测试人员继续单独汇报，但他们与开发人员坐在一起，以便支持更好的协作关系。开发人员为测试人员提供私有构建进行测试，测试人员编写测试用例并分享给开发人员，而后开发人员会用这些测试用例运行自己的代码并在正式签入前修复大量缺陷。这种安排当时效果很好，最大限度地填补了缺陷引入和缺陷检测之间的沟壑。

5.3 关键原则：将测试人员整合到开发团队中

如今，两个因素影响测试组织的方法：敏捷开发的兴起，以及自动化测试的兴起。

敏捷开发强调开发人员测试自己的工作，这是最小化缺陷引入和缺陷检测之间时间的积极而重要的一步。可惜的是，这导致一些组织将测试专业职位完全消除。这是误入歧途了。软件测试是一个非常深奥的知识领域。大多数开发人员不理解测试的基本概念，他们痴迷于测试工具而没有应用基本的测试实践，更别提高级实践了。

测试专家仍要发挥若干重要作用：

- 承担测试自动化的首要职责；

- 创建和维护更复杂的测试类型，如压力测试、性能测试、负载测试等；
- 应用比开发人员所做测试更复杂的测试实践，如输入域覆盖、等价类分析、边界值覆盖、状态图覆盖、基于风险的测试等；
- 创建开发人员由于盲点在测试自己代码时没有创建的测试。

虽然开发人员测试是敏捷开发的测试基础，但测试专家仍会增加价值。在去掉测试角色的组织中，我们发现之前归类为测试的人员主要关注集成测试、负载测试和其他横切类型的测试。我们还发现他们比那些更面向开发的团队成员承担了更高比重的测试自动化工作。敏捷俚语“三个好朋友”将测试作为三个好朋友之一（其他还有开发和业务）。组织结构图中可能看不到测试专家，但他们仍旧实实在在地存在着。这是对测试专家所提供价值的暗中肯定。

如本章讨论的，卓有成效的敏捷开发依赖于创建包含测试在内的跨职能团队。测试人员应该在整个软件开发和交付过程中与开发人员并肩作战。

5.4 生产支持的组织

我不记得合作过的哪个公司会百分百满意其生产支持的组织方式。一般公司尝试如下模式中的一部分或全部：

- 构建系统的人提供全部生产支持；
- 一个单独团队提供全部生产支持；
- 一个单独团队提供一级和二级支持，工程组织提供三级问题的支持。

最后一种方式是最常见的，它有多种开展方式。一种方式是，三级支持由独立支持团队提供（它比一级和二级支持团队技术更强），该团队的主要职责是生产支持。另一种方式是，三级支持由最初创建系统的人员提供，尽管他们已经大部分转到其他系统的工作上了。

对将处理归属到开发团队的支持问题作为次要责任的开发团队（也就是说，他们在支持之前负责开发的系统），支持工作能够以多种方式组织：

- 归属到开发团队的支持问题会在到达时循环分配给每个团队成员；

- 归属到开发团队的支持问题全部由一个团队成员处理，而这个职责按天或按周进行轮换；
- 归属到开发团队的支持问题会被分配给最有能力解决该问题的团队成员。

多数公司会随时间尝试其中几种模式并得出结论，没有一种方式完全没有问题。但目标是找到问题最少的解决方案，而不是希望找到完美的解决方案。

Scrum 团队的生产支持

就敏捷开发特有的生产支持问题而言，挑战在于不扰乱 sprint 的同时处理支持问题。团队需要预测并计划他们将花在归属到开发团队的支持问题上的时间。下面是一些指导原则。

- *将支持时间计划到 sprint 中*。如果生产支持占团队持续工作的 20%，那么 sprint 计划应该假设只有 80% 的时间可以用于 sprint 的相关工作。
- *为允许打断 sprint 的工作类型设置策略*。区分可以进入未来 sprint 的产品待办事项列表的常规工作及紧急重要到足以打断 sprint 的问题。一个具体定义是非常有用的，例如“允许优先级 1 级、严重程度 1 级、SLA 相关的缺陷优先于 sprint 目标。”
- *通过回顾来优化生产支持计划*。基于速度的 sprint 计划和 sprint 回顾可以帮助团队度量每个 sprint 对此类工作所允许的时间。当团队回顾其达成 sprint 目标中所遇到的挑战时，他们应该检查分配给生产支持的时间和实际花费的时间，并相应地制订未来的计划。
- *允许不同团队有不同的生产支持结构*。不同团队会面临不同数量的问题，他们从事的新工作的轻重缓急也各不相同，而且团队成员处理之前系统的支持问题的经验和能力水平也不同。所有这些因素表明，不同团队最好以不同方式处理支持问题。

5.5 被视为黑盒的敏捷团队

Scrum 的敏捷实践明确将 Scrum 团队视为黑盒。如果你是团队领导者，你可以看到团队的输入和输出，但不应该过度关心团队的内部工作。

在 Scrum 中，这个想法是通过团队在每个 sprint 开始时承担一定数量的工作（sprint 目标）来实现的。团队承诺无论如何会在 sprint 结束时交付工作。而后，在 sprint 期间，团队会被视为黑盒——没人可以看到内部，也没有人在 sprint 期间可以安排更多工作。sprint 结束时，团队交付其最开始承诺的功能。sprint 很短，这意味着管理者无需等待很长时间就能检查团队是否正在兑现承诺。

将团队视为黑盒的说法有点夸大了，但其本质很重要。根据与管理者和其他领导者的数百次对话，我相信将团队视为黑盒能够带来更健康、卓有成效的管理。管理者不应该审查微小的技术或过程细节。他们应该专注于确保团队有清晰的方向，而且他们应该让团队有责任感地朝这个方向努力。他们不需要了解团队朝目标迈进中每时每刻的决策或错误。过度关注细节与很多关键原则背道而驰，包括正向看待错误以及最大化团队的自主权。

对团队领导者而言，适当的黑盒关注点包括清除路障（阻碍），在 sprint 过程中保护团队避免打扰，通过冲突解决来指导团队，解决项目间的优先级冲突，支持员工发展，雇用新团队成员，提高组织机构效率，以及鼓励团队从经验中反思和学习。

5.6 你的组织愿意创建敏捷团队吗

实施 Scrum 却不创建真正的自管理团队是一个敏捷反模式。如果团队领导者口头上支持自管理但同时继续在细节上指挥和控制团队，敏捷实施就会失败。除非组织愿意、准备并致力于建立和支持自管理团队，否则组织不应该实施敏捷。

5.7 其他考虑

5.7.1 成员位置分散的团队

成员位置分散给卓有成效的团队带来了挑战。第 7 章将深入讨论这个主题。

5.7.2 开放式的办公环境

一些敏捷实施的特点是将办公室或隔间转换成开放式办公环境以支持更高级别的协作。我对此并不推荐。

与预期相反，哈佛大学的一项研究发现，开放式办公环境与隔间相比减少了大约 70% 的面对面沟通（Jarrett，2018）。持续数年的研究发现，开放式办公环境降低雇员的满意度，增加压力，降低工作效率，降低创造性，妨害专注，降低注意力，以及降低积极性（Konnikova，2014）。

有些团队可能更喜欢开放式办公环境（对他们来说挺好的），大多数团队并不喜欢。实际上，反对开放式办公环境的呼声一直很高（Jarrett，2013）。最近一篇文章的标题写道，“官方消息：开放式办公环境是有史以来最愚蠢的管理时尚”（James，2018）。

在我 1996 年出版的《快速软件开发》（*Rapid Development:Taming Wild Software Schedules*）一书中，我对当时的研究进行了总结后发现，在私人或半私人（两人）的办公室里生产力最高（McConnell，1996）。最近的研究表明这一发现并未改变。

建议采取如下措施来达到高效：

- 提供带有开放式办公空间的私人或半私人办公室给团队工作；
- 团队聚集在小隔间里，并拥有用于团队工作的开放式办公空间和供个人暂时使用的专注房间（小办公室）；
- 带有专注房间的隔间；
- 带有专注房间的开放式工作间。

我在除第一种外的其他布局中看到近乎所有人都在使用耳机，并且在家办公的频率也有所增加，这些都表明员工无法在办公室充分集中注意力做好自己的工作。

给领导者的行动建议

检视

- 检视团队的组成。你的团队是否包含在团队内做出绝大多数决策所需的专业知识？

- 访谈团队成员，以了解团队事实上的测试组织（而不是组织结构图上展示的情况）。团队是否在拥有或没有测试专家介入的情况下独立、有效地自己做测试？

调整

- 基于以上对团队组成的评估，创建一个差距分析，描述为了让团队能够自管理所需发展的技能。
- 制订一个调整团队组成以及（或）培养缺失技能的计划，以便每个团队能够自己做决策并朝着真正自管理的方向发展。
- 制订一个计划确保测试功能整合为开发团队的一个整体部分。

拓展资源

- Aghina, Wouter, et al. 2019. *How to select and develop individuals for successful agile teams: A practical guide.* McKinsey & Company.
  这份白皮书研究了敏捷团队多样性的价值。它包括基于五型人格模型的多样性和基于工作价值模型（其包含敏捷关注的价值）的多样性。

第 6 章　卓有成效的敏捷团队文化

敏捷组织发现敏捷团队结构和团队文化之间存在相互作用。向自管理团队转换需要团队文化向补充和支持团队自管理能力的团队文化进行转换。

本章探讨敏捷文化在团队级别的要素。第 17 章会提供敏捷文化在组织层面的更深入的观点。

6.1　关键原则：通过自主、专精和目标来激励团队

多数生产力研究发现，比起其他因素，生产力更依赖激励（Boehm，1981）。对软件开发工作，唯一重要的激励是内在激励。从本质上看，公司租用了人们的大脑空间，付钱给雇员去思考公司让他们思考的东西。外部激励不起作用，因为无法强迫某人去思考某些东西。你只能创造这样的环境，他们在其中会因为想要思考而思考你的问题。

在丹尼尔·平克（Daniel Pink）2009 年出版的 *Drive:The Surprising Truth About What Motivates Us* 一书中，他提出了基于自主、专精和目标因素的内在激励理论。平克的激励理论与高效敏捷团队所需的支持相契合。

6.1.1　自主

自主指的是指导自己生活和工作的能力——做什么，什么时候做，以及和谁一起做。自主与信任相关。如果人们认为组织不信任他们做决策，他们不会相信自己有真正的自主权。你为培养拥有能力和权力进行自我决策的跨职能敏捷团队所做的工作也支持他们的自主意识。表 6-1 所示为支持和破坏自主意识的做法。

表 6-1 支持和破坏自主意识的做法

如何支持自主意识	如何破坏自主意识
通过设定方向来领导（与更大的组织愿景和使命保持一致）	领导者关心工作如何执行的细节
坚持一个方向	频繁变更方向
向团队提供独立工作所需的所有技能	不向团队提供独立工作所需的专业知识 不创建真正的团队，只将高度矩阵化个体组成团伙
允许团队基于回顾对实践进行调整、试验	坚持既定流程，不管团队经验
允许团队按照自己确定的节奏进行工作	随意安排团队工作节奏
通过商定的需求过程来提供需求	直接给团队或团队成员推送需求
保持高效能团队的完整；将工作交给人	频繁解散和重组团队；把人安排到工作上
允许团队犯错并从错误中学习	将错误视为罪过并因此惩罚团队

6.1.2 专精

专精指学习和提高的欲望。它不是达到既定能力标准的想法，而是不断变得更好的想法。这对技术人员尤为重要。如同我多年前在《快速软件开发》（McConnell，1996）中指出的，成长的机会对开发人员比晋升、认可、薪资、地位、职责水平以及其他你可能认为更重要的因素更具激励作用。敏捷注重从经验中学习，这将支持团队的专精意识。表 6-2 所示为支持和破坏专精意识的做法。

表 6-2 支持和破坏专精意识的做法

如何支持专精意识	如何破坏专精意识
留出时间回顾	阻止回顾
为了学习与改进，鼓励在每个 sprint 进行改变	不允许变更，或者要求走笨重的变更审批流程
允许技术人员探索新技术领域	将技术人员的工作限制在当前的业务需求上
留出时间进行培训和专业发展	要求所有时间分配给短期项目目标；不留出时间进行培训
支持创新日	阻止试验
支持刻意练习，如 Coding Katas	坚持严格的任务重点；不为个人提升留出时间
允许工作人员进入新领域	要求工作人员待在最有经验的领域

6.1.3 目标

目标指的是理解为什么你做的事情很重要。大局是怎样的？你正在做的事情如何比你自己更大或更重要？它如何支持你的公司和整个世界？敏捷注重与客户直接接触，这将支持团队的目标意识。敏捷强调的共享团队职责和责任提升了同事情谊，这也支持团队的目标意识。表 6-3 所示为支持和破坏目标意识的做法。

表 6-3　支持和破坏目标意识的做法

如何支持目标意识	如何破坏目标意识
让技术人员与实际客户定期沟通	限制技术人员与客户的直接沟通
让技术人员与业务人员频繁沟通	“隔离”技术人员和业务人员，让他们很少沟通
定期沟通团队工作的大局	仅在极少召开的全公司会议上沟通大局
确保沟通植根于现实	仅沟通与现实脱节的陈词滥调
描述团队工作对现实世界的影响：“我们的除颤器去年拯救了 ××× 条生命”	坚持团队工作的大局问题属于团队领导者的领域，团队无须了解
强调高质量工作对组织的价值	只讨论公司的直接经济效益和（或）短期交付目标

6.1.4 自主、专精和目标的良性结合

丹尼尔·平克研究发现，一个自主工作、理解为什么工作而且持续改进的团队也会受到积极性的激励。创建高效团队的因素也会是创建充满积极性团队的因素，而且在这种良性沟通中，效能和积极性是相互促进的。

6.2 关键原则：培养成长思维

“卓有成效”的敏捷理念是一个持续变化的目标。无论今年多高效，明年可以更高效。然而，为了实现成长，必须允许团队花时间改进。有些改进应该发生在 sprint 回顾和 sprint 计划的常规循环中，而有些改进应发生在 sprint 过程中。

变得卓有成效需要成长思维——“我们可以随时间变得更好”的思维模

式——并不是所有组织领导者都拥有成长思维。

某些软件组织领导者认为的软件项目只有如图 6-1 所示的基本输入和输出。

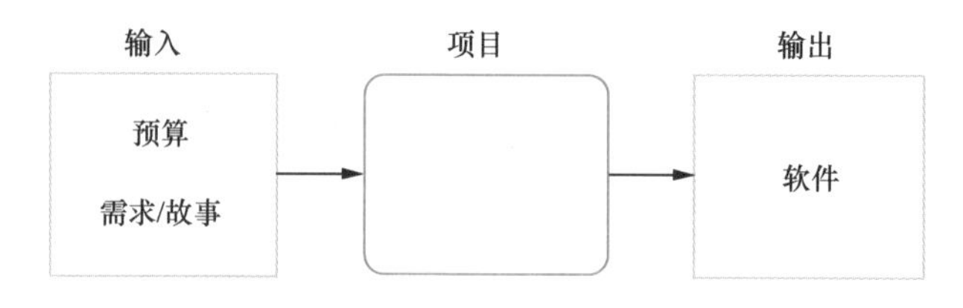

图 6-1 某些软件组织领导者认为的软件项目

在这个视图中，项目唯一的目的是创建软件，因此项目的唯一相关输出就是软件本身。

一个项目输入和输出的更全面的观点会考虑项目前后的团队能力。一个完全以任务为主的软件项目——通常包含一定量的进度压力——会产生如图 6-2 所示的输入和输出。

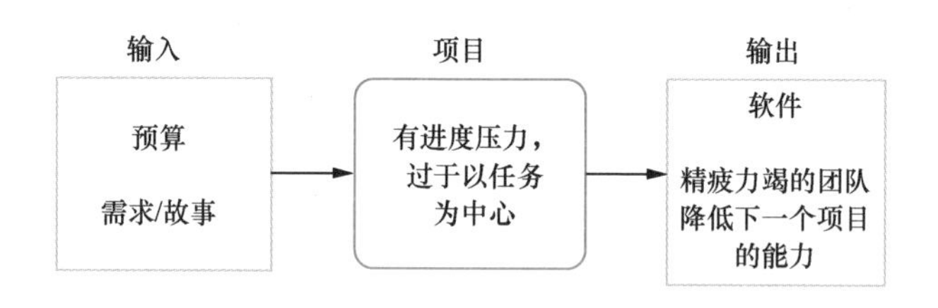

图 6-2 以任务为主的软件项目

如果团队领导者不关注团队成长，很容易以这种方式运行项目——造成疲惫不堪的团队，其能力比项目开始时更弱。同样的逻辑也适用于 sprint 和发布。当 sprint 没有以可持续的步调进行时，一些 Scrum 团队会经历 sprint 疲劳。

团队开始项目和结束项目的方式之间的差异极大地影响组织的效率。在许多组织中，所有项目都很匆忙。项目只关注眼前的任务，没有时间让个人或团队在其所做的工作上变得更优秀。实际上，持续的进度压力确实让他们做得越来越糟——体现在自主和专精的意识，以及积极性方面。

这导致一组可预计的动态，团队感觉精疲力竭，最优秀的团队成员离开去了其他组织，以及组织的能力随时间降低。

致力于高效的组织会以全面的成长思维来看待软件项目的目的。当然，项目的目的之一是生产可工作的软件，但另一个目的是增强生产软件的团队的能力："我们能够随时间变得更好，而且我们会留出时间这样做。"

成长思维给组织带来若干好处：

- 提高个人能力水平；
- 提高个人和团队的积极性；
- 加强团队凝聚力；
- 提高企业忠诚度——更好的人员留存；
- 扩展技术和非技术技能——更好的代码以及更高的质量。

一个意识到成长思维能够得到收益的公司会如图 6-3 所示这样执行项目。

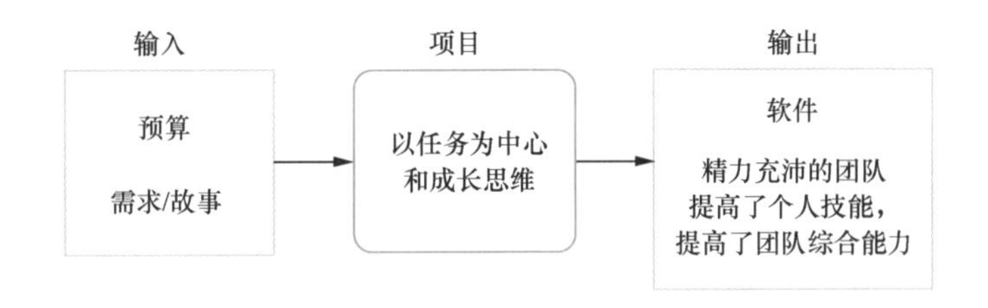

图 6-3　意识到成长思维能够得到收益的软件项目

传统敏捷准则之一可持续的步调是高效敏捷的一个必要元素，但那仅意味着团队不会精疲力竭，而不是他们会持续变得更好。致力于成长思维会以可持续步调工作为基础，并利用它为组织和个人提供额外的好处。

增强团队能力是软件组织领导者的核心职责。第 8 章探讨了培养技术人员能力的一种系统化方法。

6.3　关键原则：培养以业务为中心

软件开发没有银弹，但有一个面向业务的实践已经接近于银弹了，然而很少有组织使用它。实践很简单，其好处大大超过了实施上的困难。

这个近乎银弹的东西是什么？它只是让每个开发人员直接接触真实的用户——系统真正的使用者。

业务部门拒绝让开发人员接触用户，因为他们担心大量“脏兮兮”的开发人员是真的没有好好“洗过澡”。他们将产品负责人（或销售、业务分析师）作为开发人员与用户之间的屏障。这是一个错误，也是一个重大的机会损失。

对开发人员而言，与用户直接接触的经历常常是改变人生的经验。开发人员之前为技术纯洁性（无论那是什么）争论，并主要将用户看作不合理特性要求的麻烦源头，而现在变成了易用性和用户体验的积极倡导者。

将开发人员暴露给真实用户的业务领导者无一例外地表示，理解用户视角带来的好处远远超过他们担心的风险。技术人员学会理解他们的工作如何应用于这一领域、用户有多依赖它、什么让用户挫败，以及当他们的工作真正解决用户需求时能产生多大影响。将开发人员暴露给用户与“自主、专精和目标”的目标部分有着很强的相互促进作用。这种实践既能带来产品质量的好处又能带来激励员工积极性的好处。

这里有让开发人员接触用户的一些方法：

- 定期让开发人员接听几小时的支持电话；
- 让开发人员处理几小时的支持电话；
- 送开发人员去现场观察用户使用他们的软件；
- 让开发人员在 UX 实验室中通过单向玻璃或监视器观察用户；
- 让开发人员陪同销售人员进行客户拜访或者接听销售电话。

不要将这些实践作为奖励或惩罚，而是作为维持健康业务的一部分。它们要应用于所有人——资深开发人员、初级开发人员、新加入的开发人员。

最重要的是，用户接触要作为持续的工作来实施，而不只是一时兴起。否则，开发人员可能会过于关注于他们在一次与用户沟通中观察到的问题。需要持续接触以便让他们对用户问题有一个平衡的视角。

产品负责人的角色在许多组织中是链条中的薄弱环节。尽管培养技术人员的业务思维并不意味着可以替代优秀的产品负责人，但它可以缓解拥有不完美产品负责人的失败模式。

让开发人员直接接触用户是一个极其简单却很少付诸实践的想法，但无论何时做到都会产生显著效果。

6.4 其他考虑

6.4.1 沟通技能

人们良好的团队合作能力受沟通技能的影响。第 8 章将深入讨论这个因素。

6.4.2 个人发展方向与角色

当在个人发展方向和角色之间取得平衡时，团队往往表现卓越。贝尔宾（Belbin）的团队角色理论为评估团队中存在的角色提供了一个有趣且有用的方法。该理论包含评估每个人在团队中的表现如何、一群人良好合作的可能性有多大，以及如何选择候选人来担任每个角色。贝尔宾的角色包含公司的工作者、董事长、创新者、塑造者、资源调查者、凝聚者、协调者、监督者 / 评价者，以及完成者 / 终结者。

对 IT 团队的研究表明团队角色的平衡和团队绩效有很高的相关性（Twardochleb，2017）。

给领导者的行动建议

检视

- 根据表 6-1、表 6-2 和表 6-3 中的条目，你的沟通比率如何？
- 根据表 6-1、表 6-2 和表 6-3 中的条目，组织中其他人的沟通比率如何？
- 让团队在每个项目或发布周期的开始和结束时给自己的积极性和士气打分。分数是否表明团队正以可持续的步调工作并成长，还是表明团队正在消耗殆尽？

调整

- 根据需要改变自己的行为，以便给团队提供自主权。
- 根据对表 6-1、表 6-2 和表 6-3 的回顾来实施其他改进。
- 制订计划，以确保你的团队在项目结束时更健康，并拥有比项目开始时更多的能力。与你的团队沟通你希望他们在每个周期中花点时间学习。
- 制订计划，让技术人员直接与客户接触。

拓展资源

- Pink, Daniel H. 2009. *Drive: The Surprising Truth About What Motivates Us*. Riverhead Books.

  这本畅销的经管图书提出了本章描述的基于自主、专精和目标的激励理论。
- McConnell, Steve. 1996. *Rapid Development: Taming Wild Software Schedules*. Microsoft Press.

  这本书有几章明确或含蓄地讨论了激励。
- Twardochleb, Michal. 2017. Optimal selection of team members according to Belbin's theory. *Scientific Journals of the Maritime University of Szczecin*. September 15, 2017.

  这篇学术论文总结了贝尔宾的团队角色理论并将其应用于学生项目。论文作者发现，即使缺失一个角色也会导致团队无法完成任务。
- Dweck, Carol S. 2006. *Mindset: The New Psychology of Success*. Ballantine Books.

  这是成长思维的经典描述，其探讨了成长思维如何应用于学生、父母、组织领导者、恋人和其他角色。

第 7 章　卓有成效的分布式敏捷团队

在与建立了分布式团队——成员位置分散的团队——的公司合作的 20 多年中，我们只看到少数几个例子，其生产力可以与在同一个地点办公的团队媲美。我们还没有看到任何迹象表明，成员位置分散的敏捷团队会像在同一地点工作的团队一样高效。然而，分布式团队是如今多数大公司无法避免的事实，因此，本章将探讨如何使其尽可能运转良好。

7.1　关键原则：加强反馈循环

卓有成效的软件开发的一个原则是尽可能加强反馈循环。本书的许多细节都可以从这个原则推导而来。为什么我们在敏捷团队中需要产品负责人？为了加强需求相关的反馈循环。为什么我们使用跨职能团队？为了加强决策所需的反馈循环。为什么我们按小批量定义和交付需求？为了加强从需求定义到可执行演示软件的反馈循环。为什么我们要进行测试优先的开发？为了加强编码和测试之间的反馈循环。

当处理 Cynefin 框架的复杂域时，加强反馈循环变得尤为重要，因为工作无法预先筹划出来，必须通过许多探索、感知、响应循环来发现。这些循环就是一种应该尽可能紧密的反馈循环。

成员位置分散的团队减弱了反馈循环的效果。它让决策变慢，增加错误率，增加返工，减少吞吐量，并最终导致项目延期。任何无法面对面的沟通都会增加误解的可能性，也会减弱反馈循环。时区差异会带来延迟响应，这有同样的影响。在离岸前大批量完成的工作，如在岸产品负责人访问离岸团队以支持面对面沟通，将会再次减弱反馈循环。再加上语言、民族文化、地域文化的差异，以及在不合适的时间参加远程会议所累积的时区疲劳，反馈循环变得更弱而错误变得更多。

我们曾与一家公司合作，其离岸团队表现明显逊于在岸团队。当我们将一些离岸人员带到在岸团队时，他们在岸工作的短短时间内生产力显著增加，但当他们回到家时，生产力又掉了下来。这表明效能问题并非由所涉及的个人引起的，因为 12 000 英里的距离造成的沟通鸿沟和延迟使离岸团队无法高效执行任务。

减弱反馈循环是我在分布式团队里看到的最大问题。如图 7-1 所示，它们以多种形式出现，我倾向于将所有这些称为典型错误：

- 在一个地点开发，在另一个地点测试；
- 产品负责人在一个地点，开发在另一个地点；
- 两个地点分别共享处理一半功能。

这些形式都行不通——每一种都会造成需要彼此频繁沟通的人们耽搁在他们的沟通中。

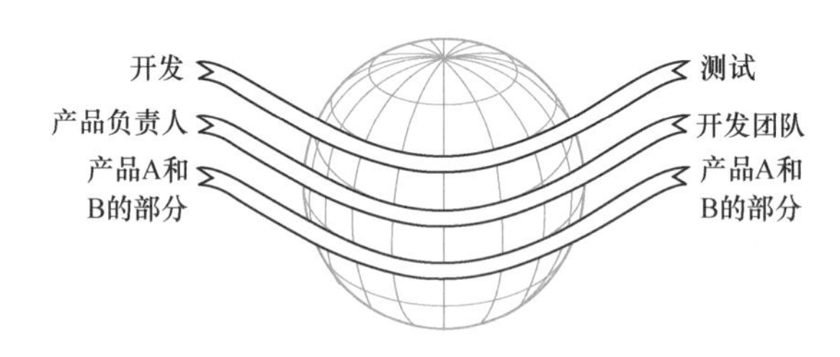

图 7-1 在分布式团队中不合理分配职责的例子

在 21 世纪初期，公司将开发人员和测试人员放在不同地点来支持全天候工作方法——测试人员可以在开发人员睡觉时检测缺陷，周转时间可以减少。虽然符合逻辑，但实际发生的是开发人员无法理解缺陷报告，或者测试人员无法理解开发人员做的变更，以及一来一回沟通一次要花一天半的时间，而同一个地点的团队只要花几小时。

这方面的最佳实践是在每个地点建立尽可能自主运作的团队，如图 7-2 所示。从软件角度看，团队是高内聚低耦合。

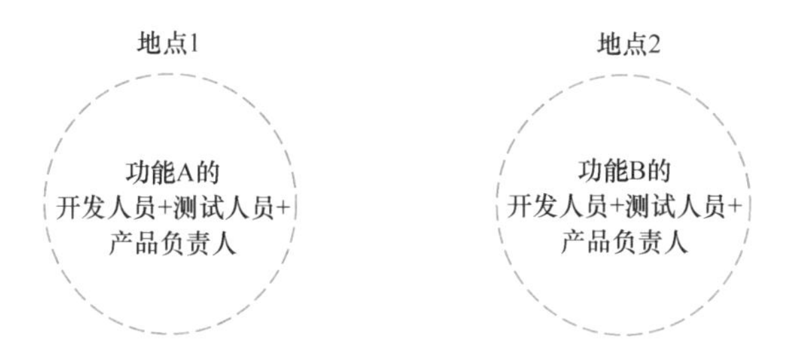

图 7-2　在分布式团队中合理分配职责的例子

分布式团队的最佳实践与敏捷团队的最佳实践总体上是相同的，这并非偶然：建立自我指导的跨职能团队，使其既有能力也有权力在内部做出约束性决策。

7.2　迈向成功的分布式敏捷团队

实现分布式团队的成功需要做到以下工作：

- 安排例行的面对面沟通；
- 增加分布式团队的后勤支持；
- 充分利用自主、专精和目标；
- 尊重康威定律；
- 将敏捷团队视为黑盒；
- 维持高质量；
- 注意文化差异；
- 检视和调整。

7.2.1　安排例行的面对面沟通

多地开发的大多数问题都不是技术性的。它们是人际沟通问题。成员位置分散、时区差异、语言不通、民族文化差异、地域文化差异以及不同地点的地位差异使沟通更不可靠且更困难。

定期面对面沟通很重要。正如一个全球公司的高管和我说的："信任的半衰期是 6 周。"当看到错误开始增加，就是把人送上飞机、让他们一起玩、一起吃饭并发展人际关系的时候了。

目标是大约每 6 周安排一部分员工从一个工作地点出差到另一个工作地点，以便在几年时间内让所有团队成员都拜访过其他工作地点。

7.2.2 增加分布式团队的后勤支持

如果想让分布式团队取得成功，需要投入金钱、精力和时间来支持这种工作方式。

（1）定期沟通。召开全员必须参加的会议。会议时间安排可轮流照顾各地团队，防止某地团队始终在不方便的时间参会。为远程会议提供高效工具并提供网络带宽支持这些工具。坚持良好的会议实践：创建日程，定义交付成果，不要跑题，按时结束，等等。

（2）临时沟通。支持自发的跨工作地点沟通。为每个员工提供通信技术：高质量的麦克风、网络摄像头，以及足够的带宽。为基于文本、时间敏感的在线实时通信以及在线论坛提供工具（Slack、Microsoft Teams 等）。

（3）远程代理。指定远程工作地点的人作为代理产品负责人或代理工程经理。当团队无法从远程产品负责人或工程经理那里得到答案时，他们可以接触代理。代理会与对应的远程人员进行定期的一对一讨论，以保持同步。

（4）人员调动。考虑永久或长期调动人员。由于许多软件团队的国际化组成，找到想要回国的团队成员是很常见的。一个鲜为人知的事实是，微软在其第一个印度工作地点配备了之前在微软雷德蒙德（Redmond）园区工作过的印度人。这有助于在印度工作地点建立企业文化和深度理解。

（5）入职与培训。安排新员工拜访外地工作地点作为入职培训活动。提供导师来指导新员工如何高效地多地办公。

7.2.3 利用自主、专精和目标

有些公司将团队均匀地分布在多个工作地点，每个地点的地位相同。更为常

见的，有多个地点的公司会在各个地点之间造成地位差异：在岸与离岸，内部与外包，母公司与被收购的公司，以及主地点与附属地点。它们会将不同种类的工作分配给次要地点，包括不重要的工作，因此它们使得这些地点拥有更少的自主权。

地位差异和较少的自主权限制了每个地点的积极性。我发现次要地点往往对自己的地位和责任水平有自知之明并且很坦诚。次要地点的经理常常报告他们的团队要求更多自主权和自我导向，要求成长（专精）的机会，而且想了解他们正从事工作的大背景（目标）。

要想成功地进行多地开发，敏捷或其他方法中需要设法为每个工作地点提供它能够自主执行的工作，并允许每个地点专业性地成长。积极地沟通每个地点的工作为什么对组织或整个世界是重要的。

7.2.4　尊重康威定律

大致来说，康威定律（Conway，1968）认为一个系统的技术架构反映了构建这个系统的人员组织的结构[1]。这种结构包括正式的管理结构和非正式的人际关系网络结构。这些结构间的相互作用对成员位置分散的工作有显著影响。

康威定律是一条双行道：技术设计也会影响人员组织设计。如果团队分布在 3 个地点，但技术架构不支持在 3 个独立区域进行工作，那么团队就会陷入困境，因为他们在技术上依赖于彼此跨地理边界的工作。

如果团队已经分布在不同地理位置许多年了，技术架构很可能已经反映了团队的结构。如果团队正向不同地理位置分布过渡，比较技术架构和人员组织并寻找不匹配的地方。

7.2.5　将敏捷团队视为黑盒

与位于同一个地点的团队一样，将团队视为黑盒的管理准则支持管理者更多地作为设定方向的领导者，而不是过于关注细节的管理者。管理团队的输入和输出。避免关注团队如何执行工作的细节。

1　康威定律准确表述：“设计系统的架构受制于产生这些设计的组织的沟通结构。”

7.2.6 维持高质量

始终将软件质量维持在可发布水平的敏捷原则有助于防止不同地点的团队彼此偏离太多。

将每个团队视为黑盒要求确保盒子的输出是高质量的。将代码库质量维持在可发布水平是高纪律性的实践，即使同一个地点工作的团队也得拼命努力。

当团队分布在不同地点时，其自然趋势是更少地集成到可发布状态。这是错误的。分布式团队面临着在不知不觉的情况下走向不同方向的风险，考虑到管理风险，他们应该更频繁地集成而不是更少集成。为了确保他们高效地进行集成，分布式团队应该特别注意他们的完成定义。

将软件质量维持在可发布水平所需的工作量主要体现在成员位置分散的成本上。如果分布式团队发现它在频繁地集成到可发布状态花费了大量时间就减少集成频率，这会增加团队完全无法集成的风险，这不是解决办法。解决办法是调整实践来简化频繁、可靠的集成所需的工作。在一些情况下，突出的集成工作量可能导致决定减少开发地点的数量。

7.2.7 注意文化差异

通常的文化差异包括：

- 传达坏消息的意愿，甚至包括对简单问题说“不”；
- 对权威的响应；
- 个人主义与团队成就；
- 工作时间的预期，以及工作与个人生活的优先次序。

有关这方面的文章已经写了很多了，因此，如果没有意识到这些问题，去读读它们。

7.2.8 检视和调整

与成员位置分散的团队一起开发是困难的。挑战取决于地点有多少、这些地点在哪、软件的架构、工作在不同地点如何分配，以及每个地点特定的团队和个人能力。

为保证让分布式团队能正常运转，团队必须定期进行回顾，坦诚地评估什么可行、什么花费了过多时间，以及与分布式团队工作相关的问题是否导致了麻烦或低效。文化差异可能给回顾带来挑战，需要额外的工作来鼓励坦诚讨论。

组织也应该支持系统性回顾，这些回顾特别关注简化与多地开发相关的问题。然后，团队必须利用这些见解进行改进，解决已识别的困难；而且团队必须得到授权进行这些改进。如果他们没有得到授权，组织会面临不同地理位置开发低效的风险。

执行糟糕的分布式开发可能会打击主要工作地点和次要工作地点员工的积极性，导致更低的士气和更高的人员变动率。

许多组织，甚至可能是大多数组织，都无法实现那些引导他们建立分布式团队的目标。为了让分布式团队取得成功你必须做许多事，这不是应该走捷径的地方。

7.3　关键原则：修正系统，而不是处理个人

不同地理位置开发增加了错误沟通的可能性，而这反过来增加了错误。成员位置分散的团队要比在同一个地点的团队花更多时间修复缺陷——既是由于缺陷数量增加，也是由于团队距离造成的缺陷修复时间增加。错误率的增加往往造成压力增加，而这又加大了指责和推卸责任的可能性。

为了让地理上分布的团队成功，强调正向看待错误的原则很重要。将错误作为系统问题，而不是个人问题。问问这个问题：导致此错误发生的系统原因是什么？一般来说，这是一个很好的实践，它在成员位置分散的环境中尤其重要。

7.4　其他考虑：内部决策与效率

如果分布式团队因无法内部决策而效率低下，确定主要工作地点的团队是否

正在经历类似的挑战。你可能正在经历类似低效的情况——它们只是不那么显眼，因为主要工作地点的团队更容易通过与地理上离得更近的人一同工作来弥补自主权的不足。

给领导者的行动建议

检视

- 你的分布式团队的反馈循环有多紧密？你是否犯了本章列出的典型错误？
- 你的工作地点在语言、民族文化和地域文化上的差异。评估这些差异对沟通上的错误的影响。
- 你的团队是否按每个团队都能有自主、专精和目标的方式进行组织？
- 你的分布式团队是否严格遵守频繁地集成到可发布状态——至少和他们在同一个地点工作时一样频繁？
- 是否已经将分布式团队使用的检视和调整进行体系化，以便他们能够学习如何在具有挑战性的情形中更高效地工作？

调整

- 如果需要，重新组织团队和沟通模式来加强反馈循环。
- 制订一个计划来改进跨工作地点的沟通与理解。
- 制订一个计划来支持分布式团队拥有自主、专精和目标。
- 随时向团队传达质量维持在可发布水平的重要性，并确保他们使用合适的完成定义。
- 赋权给团队让其能够基于他们回顾的结果做出改进。

拓展资源

本章的大多数信息总结自我们公司的直接经验。因此，拓展资源比较有限。

- Conway, Melvin E. 1968. How do Committees Invent? *Datamation.* April

1968.

这是康威定律的原始论文。

- Hooker, John, 2003. *Working Across Cultures.* Stanford University Press.

  这本书探讨了跨文化工作的一般考虑。

- Stuart, Jenny, et al. 2018. Succeeding with Geographically Distributed Scrum. [Online]

  这份白皮书针对 Scrum 提供了分布式团队的具体建议。它给出的经验有很多与我在本章描述的相同。

第 8 章　卓有成效的个人和团队沟通

《敏捷宣言》指出，个人和互动高于流程和工具。但到目前为止，敏捷更多关注流程而不是个人，而且它对个人的关注局限于围绕某些结构化协作的沟通方面。

“培养成长思维”这个原则有助于形成学习的总体趋势，但如果这种趋势仅被发展为一般愿望，那么学习将是临时的而且不会有太多积累。如果赞同团队应该在每个项目完成时比项目开始时更强，就需要为学习留出时间并为此制订计划。

本章提供了技术人员学习的系统化方法，并涵盖了技术人员最重要或经常缺乏的学习领域。由于本章是宽泛的概述，所以我在本章结束时提供了大量“拓展资源”。

8.1　关注个体

最大化个人能力应该是任何旨在提升组织效能的计划的基石。几十年来，研究人员发现，拥有相似经验水平的个人之间的生产力至少相差 10 倍（McConnell，2011）。他们还发现，同一行业的团队之间的生产力也有 10 倍或更大的差距（McConnell，2019）。

个人能力的差异在某种程度上可能是天生的，也可能是后天造成的。奈飞的云架构师阿德里安•柯克罗夫特（Adrian Cockroft）曾经被问到他是从哪里找到这些了不起的人。他告诉财富 500 强的组织领导者，“我从你那里雇得他们！”（Forsgren，2018）。当然，重点是绩效优秀的人不是一夜之间变成绩效优秀的人，他们是随时间发展的，这意味着想要成为卓有成效的组织，就会支持其员工在这方面发展。正如以下最近的网络流行段子。

CFO：如果我们投资员工而他们离开，该怎么办？

CEO：如果我们不投资他们而他们却留下来，该怎么办？

支持员工发展在诸多方面是有协同作用的。支持员工发展的首要原因是，它可以提升员工为组织做贡献的能力。项目层次的检视和调整的成长思维与专业发展层次的个人成长思维之间也有协同作用。最后，支持员工发展挖掘了专精的激励力量。

正如福斯格伦（Forsgren）、亨布尔（Humble）和金（Kim）在他们影响深远的高绩效技术组织的研究中报告的："在当今瞬息万变、竞争激烈的世界，你能为你的产品、你的公司和你的人员做得最好的事情就是建立试验和学习的文化，并投资支持它的技术和管理能力。"（Forsgren，2018）

福斯格伦、亨布尔和金还报告，学习氛围是与软件交付效能高度相关的 3 个因素之一。

在一些组织中，学习新知识与应用之前所学知识之间存在着矛盾。常见模式是员工想进入新领域以最大限度地学习，但组织想让他们留在当前领域应用已经获得的专业知识。转换领域如此困难，以至于最积极的员工跳槽到其他公司寻求专业发展。

想培养优秀个人的组织会提供清晰的指引，告诉员工如何从初级工程师成长为资深工程师，如何从开发转到管理，如何从技术领导者成长为架构师等。

8.2 关键原则：通过培养个人能力来提高团队能力

大多数软件从业人员的职业发展就像是弹球——逐个项目跳动，从一个技术到另一个技术，从一种方法到另一种方法。任何类型的专业经验都是宝贵的，但这种模式是临时积累分散的经验，而不是随时间系统化地建立有凝聚力的专业知识和能力。

8.2.1 增加角色密度

跨职能敏捷团队需要拥有在自己的专业领域表现出色，并且可以根据需要扩展到其他领域的技术人员。角色密度是指一个人能够扮演多少不同角色。图8-1对比了角色密度的差异。

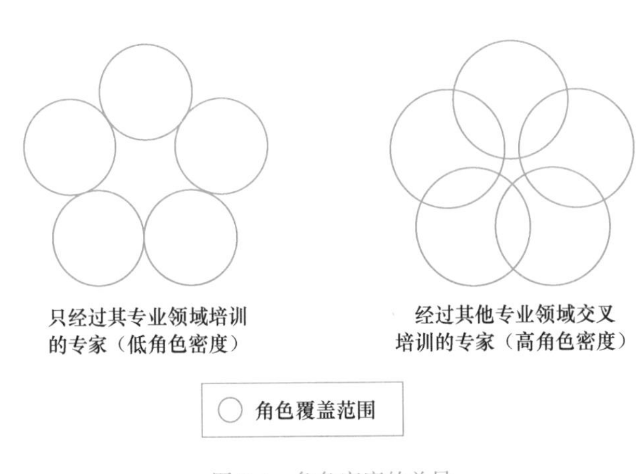

图 8-1 角色密度的差异

哪种团队更容易受员工流失的影响？哪种分配方式更灵活？哪种方式更具适应性？

希望提高能力的软件组织会通过确保软件从业人员的开发经验积累到一定程度以支持他们，而这反过来使得他们达到更专精的水平。

8.2.2 培养三种专业能力

技术组织倾向于将技术知识作为对软件从业人员最重要的知识类型，但这是短视的。高素质软件从业人员需要在以下三种知识上具备很强的能力：

- 技术知识——具体技术的知识，如编程语言和工具；
- 软件开发实践知识——设计、编码、测试、需求和管理领域的实践知识；
- 领域知识——专家所从事的具体商业或科学的领域知识。

技术人员在不同程度上需要这些不同类型的知识。软件开发人员需要深入了解技术和软件开发实践知识，而对领域知识关注则少一些；产品负责人需要深入了解领域知识，而对技术和软件开发实践知识的关注会少一些。具体细节可以按角色定义。

8.2.3　使用专业发展阶梯制订职业发展规划

20 年前，公司和我都意识到，软件从业人员的职业发展的定义不清，支持不力，所以我们开发了一个详细的专业发展阶梯（PDL）来为软件从业人员的专业发展提供整体方向和细节支持。我们自那时起就一直在维护、更新和发展专业发展阶梯，而且将许多专业发展阶梯资料免费提供给软件从业人员和他们的组织，供他们在职业发展规划中使用。

Construx 软件公司的专业发展阶梯支持各种软件从业人员的长期职业发展规划，包括开发人员、测试人员、Scrum Master、产品负责人、架构师、业务分析师、技术经理，以及其他常见软件开发相关职位。专业发展阶梯提供了方向和结构，同时也允许个人兴趣指导其特定的职业道路。

专业发展阶梯由 4 部分组成：

- 基于标准的软件开发知识领域，包括需求、设计、测试、质量、管理等；
- 经界定的能力级别——入门、熟练、带头人；
- 专业发展活动，包括培训、阅读，以及直接经验，这是在每个知识领域获得能力所要做的事情；
- 使用前面描述的知识领域、能力级别和专业发展活动构建的具体角色的职业道路。

Construx 软件公司的专业发展阶梯的核心是 11 × 3 的专业发展矩阵（PDM），它是由 11 个知识领域和 3 个能力级别组合产生的（McConnell，2018），如图 8-2 所示。

在如图 8-2 所示的例子中，包含圆圈的方框代表专业发展阶梯推荐个人担任资深开发人员所需的能力。如，资深开发人员需要在建设方面达到带头人级别，在配置管理、设计和测试方面达到熟练级别。对专业发展矩阵中的每个圆圈，专业发展阶梯资料提供了获得该能力级别所需要的阅读、培训和直接经验的具体清单。

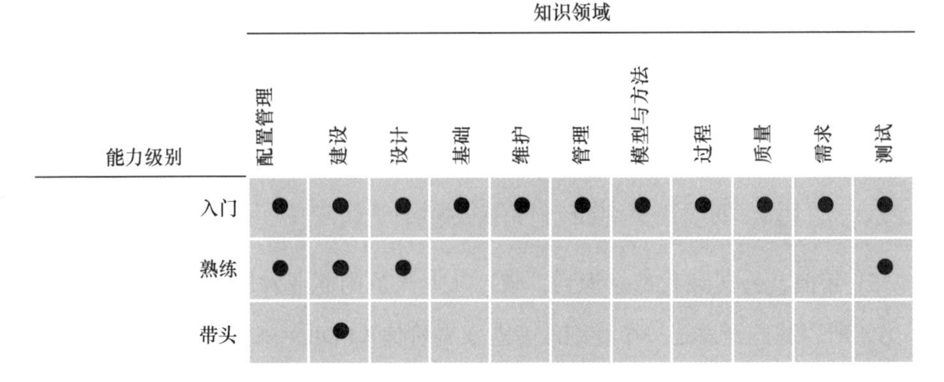

图 8-2 11 × 3 的专业发展矩阵

专业发展矩阵看起来简单，但作用很大。职业目标可以根据矩阵中选中的方框来定义。职业发展可以通过绘制一条经过矩阵突出部分的路径来定义。专业发展活动可以根据它们在专业发展矩阵中支持的单元格来定义。

由 11 个基于标准的知识领域和 3 个界定的能力级别组合而成的这个矩阵为职业发展提供了一个高度结构化、高度灵活并可定制的框架。最为重要的是，它为每个软件从业人员提供了一条稳步提高专精水平的清晰道路。

有关专业发展阶梯的更多详细信息，包括何时进行专业发展、支持专业发展的建议，以及其他实施问题，请查看我的“Career Pathing for Software Professionals”白皮书（McConnell，2018）。

8.3 卓有成效的团队沟通

虽然每个团队的软件开发能力会随个人的能力的提高而提高，但许多团队仍因为糟糕的沟通而苦苦挣扎。敏捷开发需要面对面的协作，因此无摩擦的沟通在敏捷开发中比在顺序开发中更为重要。在过去 20 年与许多公司的领导者一起工作之后，我相信下面的沟通软技能对敏捷团队成员非常有帮助。

8.3.1　情商

如果你曾经看到过两个开发人员就技术细节进行邮件大战，那么你就已经找到软件团队需要更高情商的证据。

对领导者而言，情商的价值已经广为人知。丹尼尔·戈尔曼（Daniel Goleman）在《哈佛商业评论》中报告说，明星员工和一般员工之间的差异 90% 可以归因于情商（emotional intelligence，EQ）（Goleman，2004）。一项对 500 名猎头候选人的研究表明，情商是比智商或经验明显更好的招聘成功预测器（Cherniss，1999）。

技术贡献者可以从提高对自己的情绪状态和对其他人的情绪状态的认知、改善情绪自我调节以及管理与其他人的关系中获益。

我发现耶鲁大学情商中心的 RULER 模型是这方面的有用资源。RULER 代表：

- 察觉（recognize）自己和其他人的情绪；
- 理解（understand）情绪的原因和结果；
- 准确地标识（label）情绪；
- 适当地表达（express）情绪；
- 有效地调节（regulate）情绪。

RULER 模型最初是为青少年开发的，之后应用于成年人，特别是在团队中工作的成年人。

8.3.2　与不同性格类型的人沟通

销售人员直观地了解到人们有不同的沟通方式并适当地调整他们的沟通方式。技术人员常常需要明确的指示和鼓励来调整他们的沟通风格以适应他们的听众。

研究性格类型有助于技术人员理解不同人在做决策时看重不同类型的因素（例如，数据与人们的感受）。他们表达自己的方式不同，他们在压力之下的反应也不同。标识这些变化之处，看看如何将这些变化应用到其他人身上，并自我评估，这些对技术人员来说常常是大开眼界的经历。

我发现社交风格模型是理解性格类型的直观工具（Mulqueen，2014）。社交风格基于可观察到的行为，不需要知道某人的测试结果即可了解如何与他沟通。DISC、Myers-Briggs 和 Color Codes 也同样有用。

理解不同社交风格的价值在改善不同类型员工之间的沟通方面最为明显。如图 8-3 所示，根据社交风格模型，技术人员倾向于分析，销售人员倾向于表达，而管理人员倾向于驱动。(当然，这些都是一般情况，会有许多例外。)

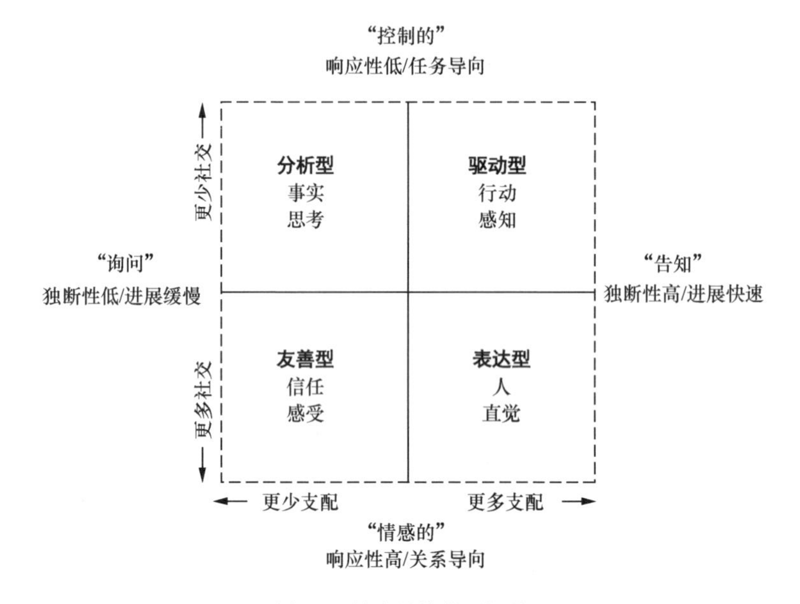

图 8-3 社交风格模型概览

了解社交风格可以帮助技术人员更高效地与销售人员沟通，可以帮助他们在组织中更好地进行向上管理，还可以帮助改善团队中不同性格类型的人员之间的沟通。有些技术人员将调整他们的沟通风格来适应其沟通对象的行为视作不太诚实。这可能成为一种自我强加的职业限制。沟通风格方面的培训有启发作用并能够帮助打破这个限制。

这些流行模型的科学有效性一直受到质疑。如果对最科学的方法感兴趣，可以了解一下大五人格 /OCEAN 模型。从实际出发，我赞同这个观点，"模型都是错的；但一些模型是有用的。"而且我发现社交风格模型尤其有用。

8.3.3 关键对话

结构化方法可以为那些对如何执行任务没有直观感觉的人提供很好的支持。

针对高难度沟通的关键对话方法是一个适用于以下情形的有效模型（Patterson，2002）：

- 利害关系很大；
- 看法各异；
- 情绪强烈。

在技术环境中，关键对话可能出现的场景有：需要与员工当面沟通绩效问题，确定设计方法，告诉关键利益相关者坏消息，以及许多其他情形。

8.3.4　与管理层沟通

了解不同性格类型为整体改善沟通，特别是更好地与管理层沟通提供了有用的基础。

如同本书的一位审稿人所写的，“你的脑袋里全是自己的问题，而且你有一整天去解决它。你老板只有 7 分钟的空闲，而且只记得住 3 个要点。”

识别管理层的性格类型（根据社交风格模型），理解管理层的决策风格以及预测其在压力下可能如何反应，这些都能帮助技术人员为成功的沟通做准备。

8.3.5　团队发展阶段

尽管塔克曼（Tuckman）的团队发展模型在管理界近乎老生常谈，但因为软件工作通常由团队执行，并且许多组织中的团队经常变动，团队成员理解塔克曼的四个阶段——组建期、震荡期、规范期和执行期——还是非常有用的，如图 8-4 所示。

我发现组建期或震荡期的团队在了解到他们正在经历的是正常情况之后都松了一口气。而且，这种认识有助于他们更快地走向规范期和执行期。

团队领导者还应该理解这个过程是正常的和预期中的。他们还应该意识到，拆分和重组团队的代价之一是团队要花更多的时间才能再次经历这些阶段后到达执行期。

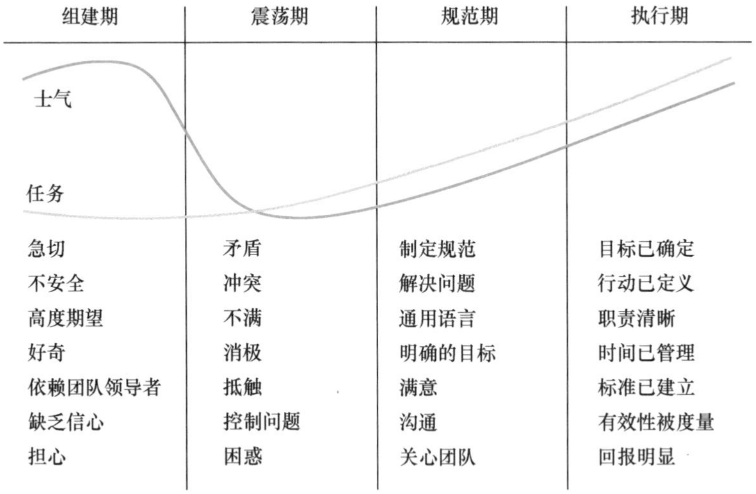

组建期	震荡期	规范期	执行期
急切	矛盾	制定规范	目标已确定
不安全	冲突	解决问题	行动已定义
高度期望	不满	通用语言	职责清晰
好奇	消极	明确的目标	时间已管理
依赖团队领导者	抵触	满意	标准已建立
缺乏信心	控制问题	沟通	有效性被度量
担心	困惑	关心团队	回报明显

士气

任务

图 8-4 塔克曼的团队发展模型的四个阶段

8.3.6 简化的决策制定模型

软件团队需要就需求优先级、设计方法、工作分配、过程变化等做出许多决策，这个列表是没有止境的。了解一些面向团队的决策制定模型是有用的。我已经成功使用了简化的决策制定实践，包括拇指投票 / 罗马投票、5 分投票、计点投票及决策领导者的决定。

8.3.7 高效的会议

Scrum 的标准会议结构良好——会议角色、目的和基本议程都由 Scrum 定义，这使得会议得以正常进行并确保高效利用时间。

在许多组织中，其他类型的会议是巨大的时间杀手。对通常的会议，提供高效执行会议的指导是很有用的。这至少应该包括标准建议：为会议设定清晰的目标，为会议产生的决策或其他交付成果设定清晰明确的预期，宁可把会议安排得更短而不是更长，只邀请支持会议交付成果的必要人员，会议一达到目标就宣布结束，等等。这方面的一个优秀资源是“How to Make Meetings Work!”（Doyle，1993）。

8.3.8 沟通的共赢思维

培养专注于帮助他人成功的思维会在团队中创造出良好的动力。我所了解的这方面最好的模型是国际扶轮社的四大考验（Rotray International）。

- 这是否是事实？
- 这是否对所有关联者公平？
- 这是否会建立商誉并增进友谊？
- 这是否让所有关联者受益。

任何通过四大考验的决策或沟通很可能带来整体上更强大的团队。

8.3.9 常规的沟通技能

每个人都可以从定期回顾其常规的沟通技能中获益。戴尔·卡耐基（Dale Carnegie）的《人性的弱点：如何赢取友谊与影响他人》（*How to Win Friends and Influence People*）是卓有成效的沟通的实用指南，并且它在近 100 年前进行该研究时就已经是了。

给领导者的行动建议

检视

- 反思组织最大化个人能力的方法。这个方法是否包含每位员工被雇用后进行持续培养？
- 回顾组织允许的专业发展时间。考虑到允许的时间，实际上有多少专业发展会发生？
- 与员工访谈。良好定义的职业成长机会对他们有多重要？他们对目前从组织获得的支持有多满意？
- 回顾组织中非技术的沟通。你的员工如何高效地召开会议，一起工作，与高管沟通以及展示其他软技能？
- 反思你在团队中看到的技术的或其他方面的冲突。你如何评价员工的情商水平？

调整

- 制订计划，定期为专业发展分配时间。
- 通过使用 Contrux 软件公司的专业发展阶梯（或其他方法），确保你的每位员工都有明确的职业发展规划。
- 制订计划来提高团队成员的人际交往能力，包括了解性格类型、在整个组织内沟通、解决冲突，以及培养共赢思维。

拓展资源

- Carnegie, Dale. 1936. *How to Win Friends and Influence People.* Simon & Schuster.

  如果自你上次读这本书时已过了几年，一定要再读一遍。你会惊讶于尽管年代久远，但这些经验教训是多么中肯。
- Doyle, Michael and David Strauss. 1993. *How to Make Meetings Work*! Jove Books.

  这是高效组织会议的经典讨论。
- Fisher, Roger and William Ury. 2011. *Getting to Yes: Negotiating Agreement Without Giving In, 3rd Ed*. Penguin Books.

  这是有关实现共赢的经典著作。尽管名义上是关于谈判，但实际上是关于集体问题的解决。
- Goleman, Daniel.2005. *Emotional Intelligence, 10th Anniversary Edition*.

  这本书最初提出了情商和智商一样重要的观点。
- Lencioni, Patrick. 2002. *The Five Dysfunctions of a Team*. Jossey-Bass.

  这本简短的经管图书以寓言的形式记录一个团队混乱的生活，随之给出了创建和维持健康团队的模型。
- Lipmanowicz, Henri and Keith McCandless. 2013. *The Surprising Power of Liberating Structures*. Liberating Structures Press.

  这本具有创新性的图书描述了许多用于团队沟通的模式或“解放结构”。

- McConnell, Steve and Jenny Stuart. 2018. Career Pathing for Software Professionals. [Online]

  这份白皮书描述了 Construx 软件公司的专业发展阶梯（PDL）的背景和结构。配套的实施论文描述了通往架构师、QA 经理、产品负责人、质量经理和技术经理的职业道路。

- Patterson, Kerry, et al. 2002. *Crucial Conversations: Tools for talking when the stakes are high*. McGraw-Hill.

  这是本非常值得一读的书，它令人信服地阐述了，如果每个人都有能力参与到关键对话中，世界将会变得更好。

- Rotary International. 2019. The Four-Way Test. *Wikipedia*. [Online]

  在线搜索会给出数不清的过去和现在针对四大考验的应用的描述。维基百科的文章一如既往是非常好的总结。

- TRACOM Group, 2019.

  TRACOM 的网站包含了很多社交风格模型的资料，包括模型的概要描述、模型有效性的报告，以及与其他如 Myers-Briggs 这样的流行模型的比较。

- Wilson Learning, 2019.

  Wilson Learning 网站包含几篇关于社交风格模型的文章，主要讨论了如何将其应用于销售。（用于非正式实践时，TRACOM 的社交风格模型和 Wilson 的社交风格模型是相同的。）

- Yale Center for Emotional Intelligence. 2019. The RULER Model. [Online]

  这篇文章描述了 RULER 模型及其应用，主要关注在教育环境中使用模型。

第三部分

卓有成效的工作

本书的这一部分讲述了在敏捷项目中如何开展具体的工作。我们将讨论如何有序地安排这些工作，以及在大型项目上处理工作的特殊事宜。随后我们会讨论几种具体类型的工作，包括质量管理、测试、需求和交付。

如果你不想了解太多具体的工作细节，而是对更高层的领导事务感兴趣，那么可以直接跳到第四部分。如果你的公司正在大型项目的泥潭中挣扎，那么在跳到第四部分之前可以考虑先阅读第10章。

第 9 章　卓有成效的敏捷项目

在第 8 章中，我们讨论了如何对敏捷开发过程中的个体进行管理，并为他们提供支持。在这一章中，我们将讨论如何对敏捷开发过程中的常见工作进行管理，并为之提供支持。

绝大多数的软件开发工作都是以项目的形式开展的。在公司中，有很多用来描述项目的词汇，例如产品、程序、发布、发布周期、特性、价值流、工作流等一些相似的词汇或短语。

不同术语之间可能有很大的差异。有些组织认为发布是项目的现代叫法，有些组织则认为发布指代的是顺序开发中的一个阶段，应该弃之不用。有些组织给特性下的定义是一个 3 ～ 9 人规模、持续 1 ～ 2 年的新项目。在本章中，我把所有这类工作都称之为项目——项目是由多人、在一段连续的时间里，协同工作在一个交付成果上的活动。

9.1　关键原则：保持项目规模小

在过去的 20 年里，敏捷最广为人知的成功应用都在小项目上。起初的 10 年间敏捷开发的主要精力集中在保持项目的规模足够小，团队一般仅由 5 ～ 10 个成员组成（如 3 ～ 9 个开发人员、1 个产品负责人和 1 个 Scrum Master）。对小项目的这一强调非常重要。正如图 9-1 揭示的那样：相较于大型项目而言，小项目更容易顺利完成。

在超过 20 年的时间里，卡珀斯・琼斯（Capers Jones）的研究结论一直认为小项目比大型项目更容易成功（Jones，1991）（Jones，2012）。其中大部分与项目规模有关的研究结果，我已经在《代码大全（第 2 版）》（*Code Complete,2nd Ed*，McConnell，2004）及《软件估算——黑匣子揭秘》（*Software Estimation: Demystifying the Black Art*，McConnell，2006）中进行了总结。

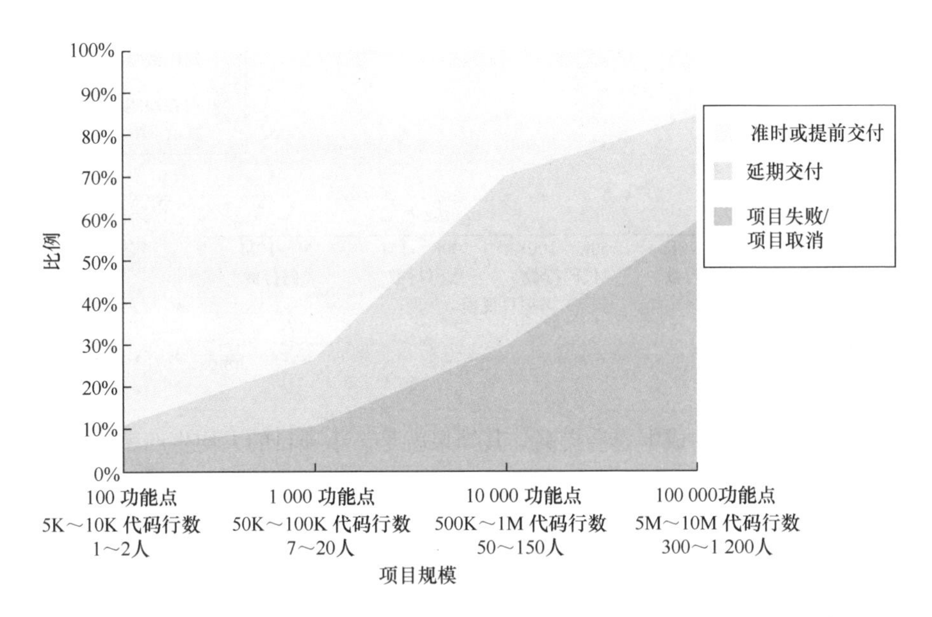

图 9-1　项目越大，准时交付的概率越低、项目超支的概率越高、失败的风险也越高（Jones，2012）。上图依据功能点多少、代码行数及团队规模做出粗略的比较

小项目容易成功有着诸多原因。大型项目会涉及更多人，而团队成员间的内部沟通以及与不同团队的外部沟通不是线性增长的。随着沟通的复杂度上升，沟通出错的情形也会增加。错误的沟通会在需求、设计及编码等过程中引入错误——总而言之，沟通上的错误会带来更多的错误。

不仅如此，项目变得越大，错误率也会更高，如图 9-2 所示。这不仅意味着错误总数增加，随着项目规模变大及错误率提升，大型项目引入的错误往往会不成比例地增加。

随着错误率和错误总数增加，缺陷检测策略的效率往往随之下降。这就意味着留存在软件中的缺陷数量也会急剧增加。

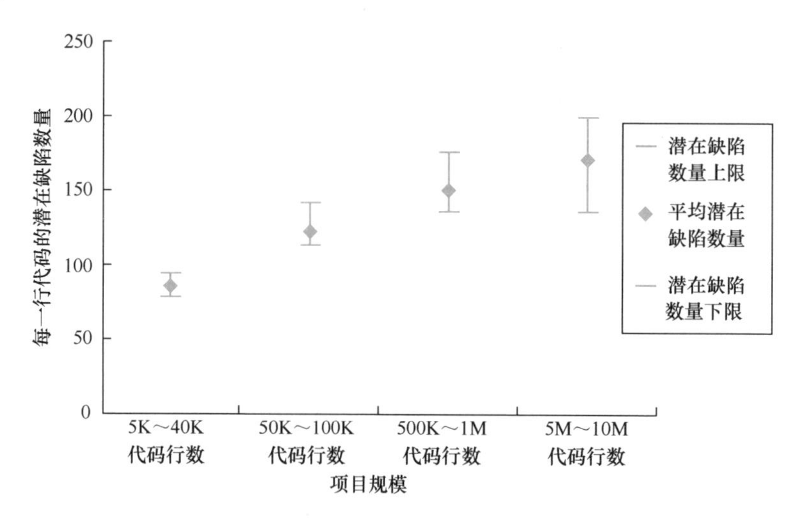

图 9-2 项目越大，错误率（潜在缺陷率）就越高。摘自（Jones，2012）

此外修复错误的成本也会提高。其结果就是，小项目的人均生产率最高，而后随着项目规模增加，人均生产率逐渐下降，如图 9-3 所示。这就是所谓的规模不经济效应。

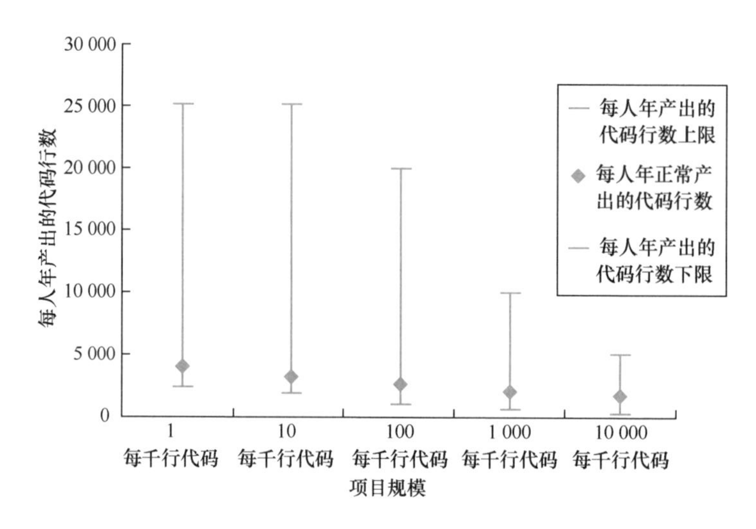

图 9-3 项目越大，人均生产率越低。摘自（McConnell，2006）

在过去的 40 年里，团队规模与生产率之间的相反关系已经被广泛地研究并验证过了。弗雷德·布鲁克斯（Fred Brooks）在第 1 版的《人月神话》（*The*

Mythical Man-Month，Brooks，1975）中探讨了软件中的规模不经济效应。Larry Putnam 关于软件估算的研究也佐证了布鲁克斯的观察（Putnam，1992）。构造性成本模型（constructive cost model，COCOMO）提出的估算相关的研究用实践证明了规模不经济效应的存在，这在 20 世纪 70 年代后期关于 COCOMO 的研究，以及 20 世纪 90 年代后期更为严谨的研究中均有体现。（Boehm，1981）（Boehm，2000）。

因此，要使一个敏捷项目有更大的可能性成功，关键在于保持项目（及团队）尽可能小。

当然，要让所有项目都变得足够小是不切实际的。你可以在第 10 章中找到一些适用于大型项目的做法，其中包括一些让大型项目以更像小项目的形式运作的建议。

9.2　关键原则：保持sprint短小

保持小项目带来的一个必然推论，就是要保持 sprint 短小。你可能觉得保持项目足够小就可以了，没必要让 sprint 也足够短，但其实 1 ～ 3 周的短 sprint 对项目成功有很大的作用，我们接下来会详细介绍。

1. 短 sprint 减少了中途需求，提升了对新需求的响应力

在 Scrum 里，允许在两个 sprint 中间添加新需求。一旦 sprint 开始，新需求就只能等到下个 sprint 再被添加进来。如果一个 sprint 只有 1 ～ 3 周长，那么这样做是合理的。

但如果开发周期长，添加新需求的难度就会变大，这种情况下再要求利益相关者推迟新需求就不太合理了。在顺序开发中，如果开发周期是 6 个月，那么要求利益相关者将新的需求实现推迟到下一个周期，就意味着需求必须等到下个周期开始才能被添加进来，然后一直到新 sprint 结束该需求才能交付，如图 9-4 所示。这中间大概需要 1.5 个周期，也就是 9 个月的时间。

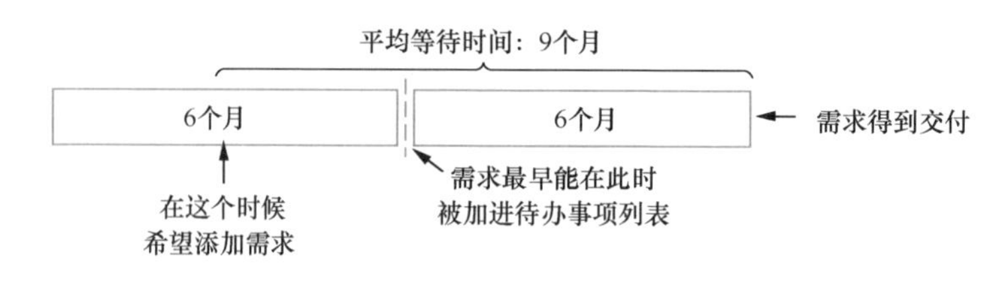

图 9-4 开发周期长，添加新需求

相比之下，如果是 Scrum 通常提倡的 2 周一个 sprint，那么利益相关者想要添加一个相同的需求，只需要 3 周的时间就可以交付，如图 9-5 所示。

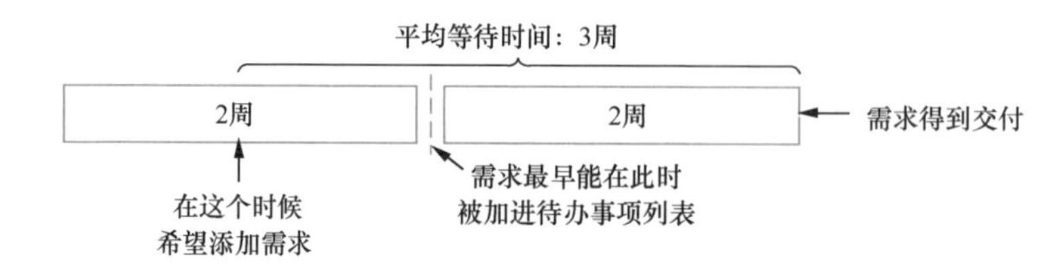

图 9-5 开发周期短，添加新需求

要求利益相关者等待 9 个月交付一个新需求，这通常不太合理。而让他们等待 3 周时间就合理许多。这也意味着，使用了 Scrum 的团队能够更轻松地工作，不需要担心有新需求在 sprint 中途被添加进来。

2. 短 sprint 为顾客和利益相关者提供了更高的响应力

每个 sprint 对团队来说都是一次新的机会，能够（向他人）展示可工作的软件，重新验证需求，并且收集利益相关者的反馈。如果是常见的 2 周一次的 sprint，团队每年就有 26 次响应变化的机会！如果是 3 个月一次的 sprint，这样响应变化的机会每年就只有 4 次。在 15 年前，3 个月的项目甚至会被当作短项目来看待。但今天以这样的频率交付，只能让你错失更多的机会来响应利益相关者、顾客和市场的需求。

3. 短 sprint 能建立起利益相关者的信任

随着团队更频繁地告知进展，展示出更多的透明度，利益相关者能够持续而切实地看到进展，这能增强利益相关者与技术团队之间的信任感。

4. 短 sprint 通过频繁的“检视—调整”循环促进团队能力提升

sprint 越频繁，团队就有更多的机会总结经验、从经验中学习，并将所学知识应用到生产活动中去。我们在分析不同的交付频率对提升客户响应力的影响时所做的推演在此处同样适用：你是愿意每年给团队 26 次机会来总结、适应、提高呢？还是每年只给他们 4 次这样的学习机会？短 sprint 能帮助你的团队得到更快的能力提升。

5. 短 sprint 帮助缩短技术试验的周期

在 Cynefin 框架的复杂域中，为了厘清工作的完整范围，我们必须对问题进行调研。这些调研的任务是“做最少的工作以获得对特定问题的解答”。不幸的是，这里有一条帕金森定律常常会生效：只要还有时间，工作就会膨胀，直至用完所有的时间。除非团队有非同寻常的高纪律性，否则，如果你计划用 1 个月来回答问题，最后就真的会用满 1 个月。但如果你只计划了 2 周，那么最多也就用掉 2 周的时间。

6. 短 sprint 能暴露成本和计划风险

短 sprint 为进度检查提供了更多机会。对一个新团队来说，跑几个 sprint 就能了解自己的“速度”或进度。从已经观测到的进度出发，可以轻松地预测完成全部工作还需要多长时间。如果完成工作需要的时间比原先计划的更多，那么这个信息在几周后就会变得显而易见——如此有力的可视化，正是依靠短 sprint 才成为可能。在第 20 章中，我们会提到更多的细节。

7. 短 sprint 能提升团队的责任感

当团队需要为在 2 周内交付可运行的功能而负责时，他们就没有多余的时间陷入未知的状态。每过 2 周，他们就得在 sprint 评审会议上向利益相关者展示过去 2 周的工作——向产品负责人的展示通常更加频繁，看看团队的工作能否被产品负责人满意验收。这样就能清楚地知道团队的进展如何，这也促使团队对他们的工作更富有责任感。

8. 短 sprint 能提升团队成员的责任感

长久以来，软件团队都遭受着来自不负责任的开发人员的伤害：他们会一头扎进黑暗的房间里，没日没夜地工作几个月，其间也不反馈任何进展。但这在

Scrum 里将不再是问题。团队设定的 sprint 目标将带来一定的同侪压力，此外，在每天的站会上也需要成员各自更新昨天的工作进展，这些实践都能有效杜绝上述行为的发生。开发人员要么好好与团队合作，要么迫于压力选择离开团队，这两种结果都能避免上述问题。经验告诉我，无论哪种结果，都比让一个开发人员自由工作几周或数月，最后却发现进展甚微好得多。

9. 短 sprint 能鼓励自动化

因为团队需要频繁合作，短 sprint 往往能鼓励成员自动化处理一些重复且耗时的任务。通常自动化的领域包括构建、集成、测试及静态代码分析等。

10. 短 sprint 能带来更频繁的成就感

一个每 2 周就交付一次可运行软件的团队，可以更频繁地体验工作完成的喜悦，并且有更多的机会为他们取得的成绩聚会庆祝。这能带来成就感，从而增加动力。

11. 短 sprint 的总结

总的来说，短 sprint 的价值可以归结为一句话，那就是“从各个方面看，交付速度比交付范围更重要”。相比于迟缓地一次交付大量的功能，频繁地交付少量但可运行的功能带来的好处要多得多。

9.3 采用基于速度的计划

故事点（story point）是一种用来衡量工作事项大小和复杂度的工具。速度（velocity）则是一种用来衡量进度的工具，它基于待办工作的完成率进行度量，而待办工作的度量单位正是故事点。基于速度的计划指的就是使用故事点和速度共同来计划和追踪工作。

基于速度的计划和追踪并不是 Scrum 的官方推荐，但我认为这个做法值得推荐。故事点和速度工具应该通过以下方式使用。

（1）为产品待办事项列表估算大小。故事点估算的用途是为产品待办事项列表估算大小。待办事项列表里的每个待办事项都应该用故事点来估算大小，这些故事点加总起来就是待办事项列表的总规模。加总工作应该在一个发布周期的早期进行，从待办事项列表中添加或移除工作时也需要更新总点数。对估算实践贯彻到何种程度，取决于团队对进度预测的需求。我们将在第20章中详细讨论这个话题。

（2）计算速度。团队每个sprint所承诺的工作量用故事点来计算。团队的速度，由团队每个sprint所能交付的故事点数确定。速度以一个sprint为单位进行计算，同时也可以计算多个sprint的平均速度。

（3）做sprint计划。团队在计划一个sprint可以承诺多少工作量时，采用的单位就是故事点，它根据过往观测到的速度来决定。

如果团队过往sprint的平均速度是20个故事点，但在计划sprint目标时安排的工作量是40个故事点，那么团队就应该缩减计划。如果有团队成员请假，或者有几位成员需要参加培训，那么团队承诺的故事点也应该比平均速度更少一些。如果这20个点的平均值是通过很多夜晚和周末的加班得到的、不可持续的，那么团队也应该少计划一些点数。如果团队过去一直能很舒服地交付sprint目标，说明团队的交付量有可能比平均速度的交付量多一些。总的来说，团队可以在做sprint计划时利用平均速度来检验现实情况并做出决策。

（4）发布追踪。平均速度可以用来估算、预测完成产品待办事项列表里所有工作需要的时间。如果产品待办事项列表里一共有200个故事点，而团队每个sprint的速度为20个故事点，那么可以预测，团队将需要10个sprint的时间来完成待办事项列表里的所有工作。我将在第20章中详细介绍这个方法的工作原理。

（5）考虑过程改进、人员流动及其他变化带来的影响。速度同样可以衡量过程改进、人员流动，以及其他类型的变化对交付带来的影响。我将在第19章中详细探讨。

9.4 关键原则：以垂直切片的方式交付

为使短sprint良好运转，团队需要具备频繁交付小块的可运行的功能的能力。

其对应的一项设计方法叫垂直切片（vertical slicing），垂直切片指的是在架构的每一层都做出修改，以渐进地交付功能或价值。

每一块垂直切片完成的功能都涉及整个技术栈，如“在银行对账单中添加一个字段”，或者“将为用户提供交易确认的速度提升 1 秒”这样的功能。如图 9-6 所示，这些功能的实现通常都需要在整个技术栈中做出修改。

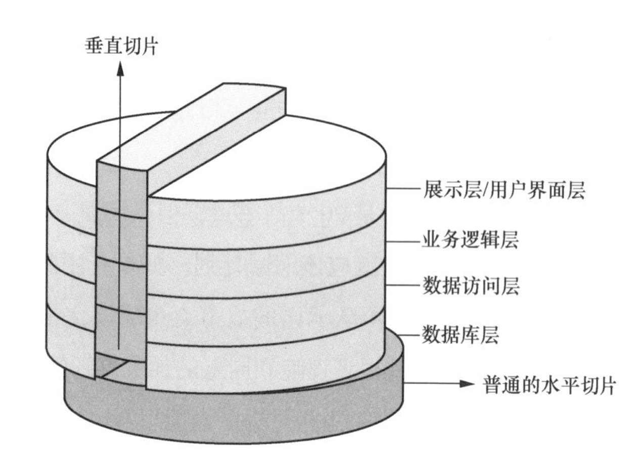

图 9-6 水平切片与垂直切片。
为了交付增量功能或价值，垂直切片需要对架构中的每一层都做出修改

垂直切片对非技术的利益相关者来说往往更易理解，更可感知，也更容易评估其业务价值。这使得团队能够更快发布，更快地实现业务价值，并收获真实的用户反馈。

而专注于水平切片的团队则可能一头扎进几个 sprint 才能交付的泥潭里，他们花时间在看起来会产出更多的故事上，但实则未能提供可观测的业务价值。

有时团队会出于效率的想法，抗拒使用垂直切片的方式。他们会觉得，一次做完一大块水平切片的工作通常更加高效——如，先做完业务逻辑层之后再去做用户界面层。这种方法称为水平切片。

在某些情况下，水平切片在技术实现上确实更高效一些，但这种技术上的效率提升有可能只是局部优化，对全局的价值交付来说并非最优。与他们所宣称的水平切片有助于提升效率正好相反，我们公司发现许多使用水平切片的团队都经历了大量返工。

9.4.1 垂直切片支持更紧密的反馈循环

垂直切片能将功能更快地推送到用户面前，从而能为功能的正确性提供更快的反馈。

垂直切片需要贯穿所有技术层面的开发工作，因此它能促使团队一起检验设计和实现时做出的假设，从而获得关于技术整体的有用反馈。

垂直切片支持贯穿所有技术层面的测试，从而缩短了测试的反馈循环。

9.4.2 垂直切片支持更高业务价值的交付

由于垂直切片法对非技术利益相关者来说更容易理解，这实际上提高了业务决策的质量，使得新旧功能的优先级和开发次序得到更合理的安排。

由于垂直切片能提供增量功能，因此这也提供了更频繁地向用户交付可运行的功能的机会，进而带来更多的业务价值。

水平切片可能使团队的开发心态局限于产品的技术架构而非产品本身。这样可能导致团队多做一些交付功能本身并不需要的技术工作，或者多做一些降低交付价值的事情。

9.4.3 团队应该如何做垂直切片

以垂直切片的方式进行交付会有一些挑战。它需要团队具备业务分析、开发和测试的能力，这又依赖于团队具备跨全技术栈的开发能力。

此外，团队可能还需要将组件式的、水平切片的实现的设计思路切换到垂直切片的思路上来。有些团队缺乏相应的设计技能，也需要慢慢培养（同时需要给他们相应的支持）。

最后，团队需要得到以垂直切片方式体现的需求。产品负责人和开发团队需要共同努力，以垂直切片的方式细化产品待办事项列表。

9.5 关键原则：管理技术债

技术债指的是过往积累的低质量工作对当下工作进展造成损害的现象。最经典的例子莫过于那些脆弱的代码库：当想修复一个 bug 时，往往带出更多其他 bug。即使是简单的 bug 修复工作也变成十分耗时、需要同时修复多个 bug 的复杂活动。

技术债涉及的范围很广，可以是质量不好的代码、劣质的设计、脆弱的测试集、不恰当的设计决策、不稳定的构建环境、笨重的手工流程等任何因为短期利益而牺牲长期生产率的东西。

9.5.1 技术债带来的影响

技术债往往是在短期发布的压力下牺牲软件质量而累积下来的结果。在全面观察一个项目的投入与产出时，需要考虑技术债随时间的累积对项目带来的影响。

如果业务团队和技术团队有充分的理由，选择欠下一些债是可以接受的。有些发布对时间非常敏感，为使当下能够更快交付，给未来增加一些额外的工作量有时也是值得的。

但是，如果允许技术债不断累积而没有管理债务的计划，最终损害的将是团队的速度，如图 9-7 所示。团队应该有一个计划，以将技术债维持在可管理的水平上，这样团队的速度才能得以保持甚至提升，如图 9-8 所示。

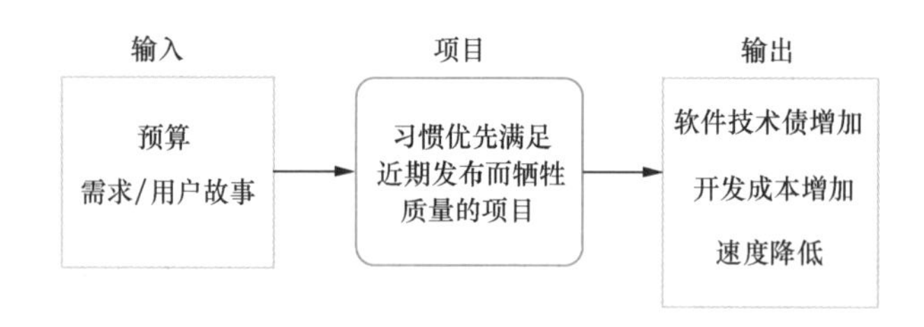

图 9-7 对技术债没有管理的软件项目

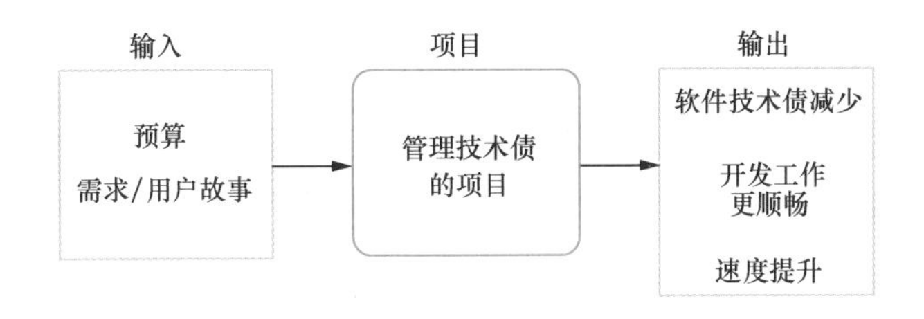

图 9-8　对技术债进行有效管理的软件项目

克鲁奇顿（Kruchten）、诺德（Nord）和厄兹卡亚（Ozkaya）对技术债是如何出现、如何带来业务价值（如果有的话）、又是如何最终变成团队负担而非资产的全过程有着真知灼见。他们的洞见如图 9-9 所示。

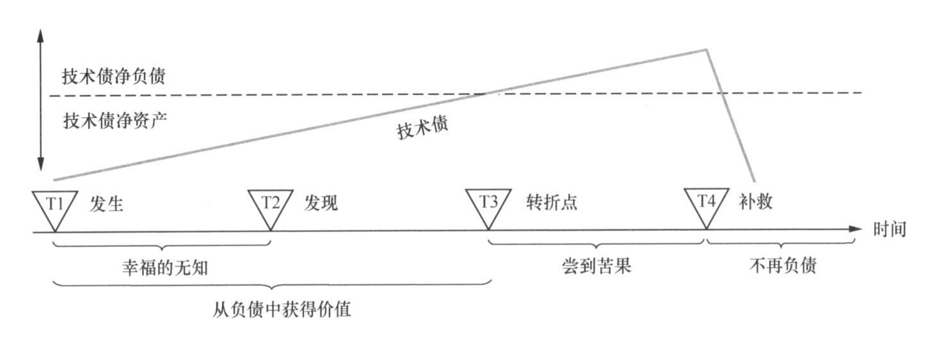

图 9-9　一条技术债生命周期的时间线（Kruchten，2019）

对全新项目，团队可以从一开始就避免技术债累积；对遗留项目，团队除了接过已经存在的技术债往往别无他选。但无论是哪种项目，如果团队不能管理好技术债，团队的速度就会逐渐下降。

9.5.2　偿还技术债

不同团队往往有各种方式偿还技术债。有些团队会在一个开发周期（sprint或者发布）中安排出一定比例的时间来还债，有的团队把还债工作放入产品待办事项列表或缺陷列表中，与其他工作一起参与优先级排序。不论哪种方式其关键点都在于，要把技术债摆上台面进行管理。

9.5.3 不同类型的技术债和应对方法

技术债往往有不同类型，需要对其进行分类管理。分类的系统和方法有很多，下面是一个我觉得比较实用的分类方法。

- 有意欠下的债（短期的）：战术性或战略性的欠债。如为了准时部署一次对时间很敏感的上线。
- 有意欠下的债（长期的）：战略性的欠债。如一个这样的决策：仅支持一个平台，而非从一开始就为支持多平台进行设计和构建。
- 无心欠下的债（得过且过的）：由于不好的软件开发实践而欠下的债。这类技术债会拖慢当下和未来的进度，应当避免。
- 无心欠下的债（难以避免的）：由于软件开发易错的本质（“设计方案没有按我们预期发挥作用”或“新版平台使得我们设计的某些方面严重失效了”）而偶然欠下的债。
- 遗留技术债：新团队从已有代码库中继承下来的技术债。

表 9-1 描述了我们对这几种不同的技术债所推荐的应对方法。

表 9-1 不同类型的技术债及应对方式

技术债类型	推荐应对方式
有意欠下的债（短期的）	如果有正当的业务必要性可以欠债，但需要尽快还清
有意欠下的债（长期的）	如有必要，可以欠债；确定还债的触发条件
无心欠下的债（得过且过的）	一开始就应该通过高质量的工作实践避免这类技术债
无心欠下的债（难以避免的）	这类技术债其实无法避免，这是由软件开发的本质所决定的。监控这些债务带来的影响，当债的“利息”变得过高时就需要还债了
遗留技术债	做好还债计划

9.5.4 讨论技术债的价值

我发现，技术债在技术方与业务方的交流讨论中是一个很好的隐喻。业务方常常认识不到持续拖欠技术债的成本，而技术方则常常认识不到（短期欠债能带来的）业务价值。在某些情况下，主动选择拖欠技术债是一个合理的业务决策，有时则不是。引入债务的概念使得业务方和技术方可以共享彼此的一些顾虑，促使团队就是否选择欠债、何时欠债，以及何时需要还债、以何种方式进行还债等问题做出更好的决策。

9.6　合理分配工作，避免心力交瘁

敏捷纯粹主义者的观点认为，每个 sprint 的长度应该始终一致（也称固定长度的 sprint）。如果团队对固定长度的 sprint 接受度很好，那就没有理由去改变它。固定 sprint 的长度也使得速度计算及 sprint 计划的各个方面保持简单直接。

同样地，也有人抱怨 Scrum 固定 sprint 长度的做法，他们觉得一个接一个无休无止的 sprint 最终会带来 sprint 疲劳，给人一种永无止境的感觉。在顺序开发方式下，工作与工作之间有天然的低谷期——通常是在不同阶段的过渡期间——这可以很好地平衡高强度的工作时间段带来的疲劳。而在持续的 sprint 模式下，如果每个 sprint 都很忙碌，团队就没有喘息的空间。

一种缓解 sprint 疲劳的办法是，偶尔改变 sprint 的长度。系统化的做法是使用 6-2-1 的模式：6 个 2 周一次的 sprint，然后做 1 个 1 周一次的 sprint，总共加起来是 13 周，一个季度可以执行一次。对那个更短的 sprint，也可以安排在大的发布上线后或者假期前后，或者在其他反正团队速度也不会很快的时候。在这个 1 周的 sprint 里，团队可以做做基础设施或工具相关的工作，可以参加培训、团队建设、黑客日等活动，也可以还技术债、专注做一些平时因为太大而没有机会在常规 sprint 中做的优化提升，等等。

不定长的 sprint 正符合敏捷可持续的步调的理念。如今大多数敏捷图书都把可持续的步调解读为永远不要加班。我认为这条建议太过简单粗暴，忽略了个体可能有不同的工作偏好。对一些人来说，每周保持 40 小时的工作量是可持续的步调，但有些人会对此很快生厌。以我个人而言，我最好的工作大多是在 sprint 模式下做出来的：连续几周工作 55 小时，随后的几周就只干 30 小时左右。这样平均下来仍然是每周 40 小时左右的工作量，但单看任何一周都不是 40 小时。那个可持续的步调对不同的人来说可能也不尽相同。

9.7 其他考虑：与项目无关的软件开发工作

即使考虑了本章一开始对项目一词包含的各种定义在内，也总有一些软件开发工作会发生在项目范围之外。这类临时但又需要团队成员处理的事务时有发生，如处理支持工单、生产问题、打补丁等。

这类工作当然也算是软件开发工作的一部分，同样可以遵循敏捷实践对其进行处理。通过实施诸如精益或看板这样的敏捷实践，可以使得这类事务的处理更加高效，质量更好，更成体系。不过在我的经验中，相比于项目级别的软件开发工作，这类问题通常不会给组织带来过多困扰，因此本书更加偏重解决项目问题，而不是这些临时的工作流。

给领导者的行动建议

检视

- 回顾一下组织的过往项目及其输出成果。就组织的经验来说，它是否符合“小项目通常比大型项目更易成功”这一普遍规律？
- 审视现有的项目组合。有哪些大型项目可以被拆分成多个小项目？
- 了解一下团队的节奏。团队的 sprint 长度是否超过 3 周？
- 调研团队是否在以垂直切片的方式交付工作？
- 调研团队是否采用了基于速度的计划？
- 对你的团队进行一次有关技术债的访谈。团队感觉他们当前背负了多少技术债，他们是否有机会还债？

调整

- 鼓励团队在制定 sprint 目标时将团队速度列入为考虑因素。
- 制订一个计划，确保团队拥有以垂直切片的方式交付工作的能力。这里面既包含开发团队的设计能力，也包含产品负责人细化产品待办事项列表的能力。

- 鼓励团队创建自己的管理技术债的计划。

拓展资源

- Brooks, Fred. 1975. *Mythical Man-Month.* Addison-Wesley.

  这本书有些年头了，但里面包含了关于在大型项目上取得成功之挑战的最早的经典论述。

- McConnell, Steve. 2019. Understanding Software Projects Lecture Series. *Construx OnDemand*. [Online]

  这些系列讲座全面地讨论了与项目规模相关的各种软件工程形态。

- Rubin, Kenneth. 2012. *Essential Scrum: A Practical Guide to the Most Popular Agile Process*. Addison-Wesley.

  这是一本关于 Scrum 的全面而详细的指导手册，其中介绍了作为工具的故事点和团队速度如何被应用到 sprint 计划和发布计划中去。

- Kruchten, Philippe, et al. 2019. *Managing Technical Debt: Reducing Friction in Software Development*. Software Engineering Institute.

  这是一本完整而值得深思熟虑的书，讨论了有关技术债的方方面面。

第 10 章　卓有成效的大型敏捷项目

博物学家斯蒂芬·杰·古尔德（Stephen Jay Gould）曾在书里讲过一个故事（Gould，1977）。两个女孩儿在游乐场聊天，其中，一个女孩问："如果蜘蛛能变得和大象一样大，还能到处爬，那岂不是很可怕吗？"另一个女孩回答说："才不会。如果蜘蛛有大象那么大，那它就会变得跟大象一样笨重了，笨。"

古尔德又解释说，第二个女孩说得对，因为组织体的大小很大程度上决定了其形态。蜘蛛之所以能在空中行走而不会掉下来摔伤，是因为它受到空气的摩擦力比重力还大。但像大象这么重就不可能飞起来。到了大象这般大小，重力对它的影响远远超过空气阻力。蜘蛛在成长过程中可以蜕皮，然后长出一副新皮来，因为它很小；大象因为太大，不可能挨过蜕皮和生成新皮过程中间的漫漫时光，因此它必须拥有一副内生的骨骼。由此古尔德得出结论说，如果蜘蛛真的变得和大象一样大，那么它的形态和行为也会变得和大象相似，因为这是体积变大的必然结果。

对软件项目，我们可以提出一个类似的问题：如果一个敏捷项目变得非常大，会不会很可怕呢？也许不至于很可怕，不过前面关于大象和蜘蛛大小的一系列分析，对项目来说同样适用。

10.1　大型项目上的敏捷有何不同

如何使大型敏捷项目卓有成效并不是一个正确的问题。自软件诞生以来，许多组织就在各种各样的大型项目上挣扎已久（Brooks，1975）。当然，他们在小项目上也挣扎。敏捷实践——以 Scrum 为代表——已经让小项目可以很容易地取得成功，于是我们关注的焦点就落在了那些仍在泥潭中挣扎的大型项目上。

10.2　大型项目上的敏捷重点实践

不同的组织可能对“大型”有着截然不同的定义。我们接触过一些组织，他们觉得任何需要超过一个 Scrum 团队驻扎的项目就算是大型项目了；而在一些组织里，任何少于 100 人的项目都只能算是中型或小型项目。大型所指的规模很难统一。在本章谈到的内容中，对任何涉及两个或更多团队的项目都适用。敏捷开发中强调的一些实践对大型项目来说同样适用，有些则必须做出修改。表 10-1 总结了这些大型项目上的敏捷重点实践。

表 10-1　大型项目上的敏捷重点实践

敏捷实践	在大型项目上的适用情况
短发布周期	理想情况是大型项目团队也拥有短的发布周期
以小批量的方式，开展从需求到实现的开发工作	没有变化。大型项目团队也能够小批量地完成从需求到实现的开发工作，同时也需要一些更高层级的协调
高层级的预先规划结合详细的即时规划	预先规划部分的比重需要增加
高层级的预先需求结合详细的即时需求	越大的项目需要越多的需求沟通，这意味着从需求细化到最终交付的时间可能变长
涌现式设计	随着项目规模变大，设计错误及重新设计的成本也随之增加。这是敏捷应用到大型项目上时需要修改的一个主要实践
开发阶段的持续自动化测试	这一点不管项目大小都是很好的实践。对大型项目而言，测试的重心会向集成测试和系统测试倾斜一些
频繁的结构化协作	这种实践在大型项目中变得更为重要。具体的协作方式可能会改变
整体方法是经验性的、快速响应、面向改进	这一点在大型项目中一样适用，与小项目无异

敏捷里强调以小批量的方式，完成从需求到实现的开发工作的实践，同样支

持在大型项目上开展富有成效的工作，此外持续测试、频繁的结构化协作，以及OODA 等实践在大型项目上也同样适用。

大型项目需要更多提前的计划、需求分析和设计。尽管不需要像顺序项目那样把所有工作都预先做好，但比一般敏捷项目还是需要更多的预先工作。这同样会影响到 sprint 计划、sprint 回顾、产品待办事项列表结构、待办事项列表细化、发布计划和发布燃尽图等实践。相比于小项目，大型项目同样能从持续测试中获益，但测试的重心需要改变——大型项目需要更多的集成测试和系统测试。

图 10-1 可视化地总结了敏捷实践随着项目规模扩大应该如何发生变化。

敏捷重点	5 ～10人的团队数量：1　2　7　35+
短发布周期	重点依项目情况而定
以小批量的方式，开展从需求到实现的开发工作	同等重视
即时规划	
即时需求	
涌现式设计	
开发阶段的持续自动化测试	同等重视
频繁的结构化协作	同等重视（但协作的类型有变化）
整体方法是经验性的、快速响应、面向改进	同等重视

□ 即时完成的工作　■ 预先完成的工作

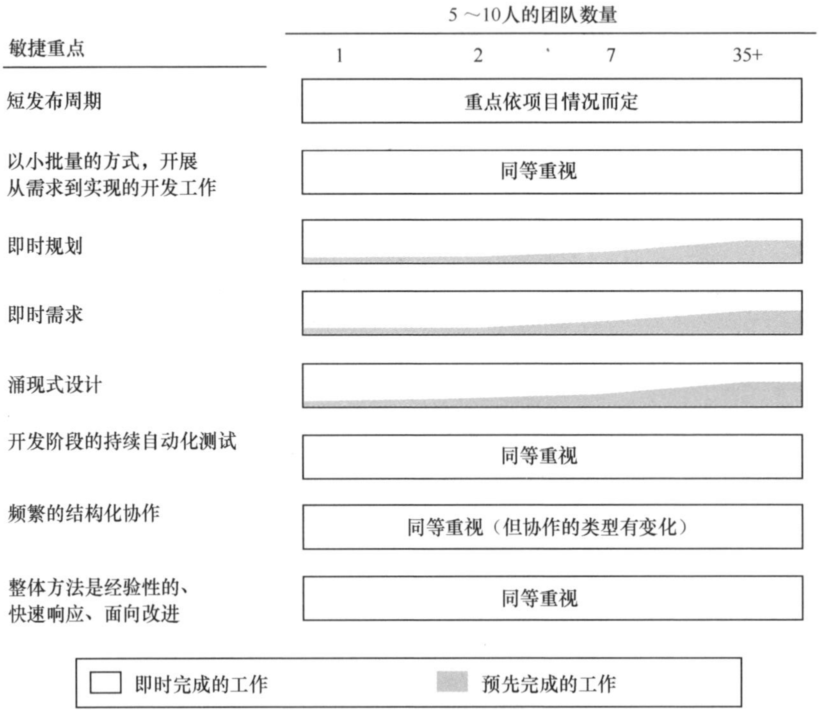

图 10-1　敏捷实践随着项目规模扩大应该如何发生变化

下面几节主要讲述为了支持成功的大型敏捷项目，一些实践需要做出哪些具体调整。

10.3　布鲁克斯法则

如何在一个大型项目上更有效地应用敏捷实践，弗雷德·布鲁克斯在他的《人月神话》(Brooks，1975)中已经给出了一种可能性。在讨论布鲁克斯法则(Brooks' Law)——指的是在软件开发后期，添加人力只会使项目开发得更慢——的过程中，布鲁克斯指出，如果可以将工作彻底拆分开，也许就可以打破这个法则。

这与我们讨论大型项目有着直接联系，因为对大型项目来说，最理想的结果莫过于将其拆分为几个完全分离的小项目。如果能成功地做出这样的拆分，项目将获益匪浅。人均生产率会提升，错误率会降低——正如第 9 章所描述的那样。而且，这也让你有机会更多地倚重敏捷开发实践而非顺序开发实践。

正如布鲁克斯所指出的，将大型项目拆分成多个小项目的挑战在于工作的彻底拆分。将工作彻底拆分是困难的，但如果你只做到几近彻底的拆分——意味着不同项目团队间仍然需要协调——那么拆分出来的几个小项目从形态和行为上仍然会向大型项目靠拢。届时，好不容易取得的拆分成果又会逐渐退转。

10.4　康威定律

如果你不了解康威定律，你就无法理解大型项目，也无法理解如何提升大型项目的敏捷度。正如我在第 7 章中所说，康威定律指出，一个系统的技术架构，反映了构建这个系统的人员组织结构。

如果技术设计是基于一个大的、单体的架构，那么项目团队也只能是大的、单体的结构，任何往其他方向改变的尝试都只能为团队招致无尽的困扰。

将康威定律与布鲁克斯的意见放到一起审视，我们可以得出这样的推论：对大型敏捷项目来说，一个大型系统的理想架构应当能够支持将不同团队间的工作完全分割开。这样的理想结果在一些系统上可能较为容易实现，在另外一些系统上则困难一点。特别地，对遗留系统来说，往往需要经历一段先挣扎再改进，直至逐渐完善的过程。

10.5 关键原则：通过架构支撑大型敏捷项目

一个系统的技术架构要支持彻底的工作拆分，往往必须做一些架构工作。比较老的系统可以逐步朝着松耦合架构的方向演进，但对新系统来说，就需要做一些预先的架构设计，以便将工作拆分给多个小团队。

有些敏捷团队可能对做到完整的提前设计心存顾虑，认为这种做法不敏捷。但正如古尔德所指出的，敏捷一系列核心实践都围绕小项目展开，如果想在大型项目上应用敏捷，做出改变是不可避免的。不可能什么都不改，就期望原来的实践在项目规模扩张时仍然适用。

如果充分考虑了康威定律，那么唯一需要改动的因素就是对涌现式设计的强调，以及与其对应的做计划方式。带着使工作能被独立分割的目标来做预先架构，可以使团队维持小规模，从而使得敏捷的其他实践都能保留下来。在各个小团队已经高度独立的工作领域中，涌现式设计的实践也同样可以保留。

在敏捷强调小团队的同时，微服务架构也方兴未艾，这并非偶然。微服务架构的目标就是将应用拆分为多个松散耦合的小服务。无独有偶，拆分一个大型敏捷项目的目标，也是将一个人力组织拆分为多个松散耦合的小团队。

如果一个组织能成功地通过架构，使其大型系统支持将不同团队的工作完全拆分开，那么该组织不会察觉到自己仍在面对一个大型项目。他们会感觉更像是多个小团队在彼此独立地工作，而团队之间唯一有联系的地方，就是他们刚好都在同一个代码库上贡献代码而已。

如果缺乏合适的架构，就可能导致我同事说的一个现象——雪花效应。每一个开发中的特性都是一片独特的雪花，它与其他任何一片雪花都不同。这为开发工作带来了巨大的成本：如果团队成员不去了解每一片雪花各自的细节，他们就无法在代码库的对应领域里有效开展工作。项目越大，这个问题就越严重。如果你有太多雪花，最后的结果就是发生雪崩！

具体的架构建议

做一个详细的架构指导显然超越了本书讨论的范畴，不过下面几点里包含了一些精简的架构建议，它们能支持在大型项目上以小团队的形式开展工作。这些讨论比较偏技术，因此如果你没有太多技术背景，尽可以跳过本节。

1. 架构的基石：松耦合、模块化

按照松耦合（模块化，可能的话进行分层）的方式来架构，并且保持代码可读、复杂度低。

技术架构不一定需要完美地契合微服务的架构，只要能为业务需求提供足够的灵活性即可。

关于微服务的理想架构，有时能听到这样一种说法：将你的系统拆分成多个微服务，比方说，拆成50个。服务之间可以实现高度的模块化，它们可以运行在各自的容器中，并且拥有自己的数据库。它们可以拥有各自的版本化API和鉴权API。每一个服务都可以被单独部署到生产环境，可以独立地伸缩，这样可以实现将工作独立拆分到50个开发团队的目标。

这种图景很美好，有时也真的能工作！但是，如果系统中的某些处理路径需要大量调用系统其他部分的服务，这些调用又会调用更多的服务（典型的“依赖过多”现象），最终在软件层面就会带来显著的调用负担和沟通负担（和不同微服务团队之间的沟通）。这种情况下，对软件和团队结构来说，将系统集成为更少的微服务是更好的选择。

好的方案需要折衷考虑对设计的技术判断和对团队组织的管理判断。

2. 避免使用单体数据库

避免使用一个单独而庞大的数据库有助于实现团队分离。数据库分治可以帮助团队实现松耦合和强模块化的架构。但也不是一概而论，要取决于系统间各个部分如何关联，数据库分治也可能让交互变得复杂，带来显著的额外负担、延迟和出错的概率。要知道应该将系统解耦到什么程度才能使团队之间松耦合，同时又维持高质量的技术解决方案，需要技术判断力和团队管理相关的判断力，两者缺一不可。

3. 使用队列

通过队列进行解耦或者时移（time shifting）的方式同样可以帮助实现开发团

队间的松耦合。抽象地说，其实就是把任务放到一个队列中，以便系统的其他部分稍后处理。“稍后”可以是几个微秒以后。这条指导原则的关键概念就是，系统不需要让所有代码都一成不变地以同步的、“请求—响应”的方式来执行。使用队列可以从更高层级将系统功能中的关键部分解耦，这能帮助实现架构上的解耦以及开发团队之间的解耦（康威定律的又一个体现）。

从接缝的角度来思考系统架构中核心部分间的关联有助于理解这个问题。一个接缝代表了一条边界，边界内的部分可以有许多的交互，但边界之间交互不会太多。为达到解耦的目的，使用队列来处理接缝之间的解耦会很合适。但也正如那个微服务的例子，队列的使用同样可能过犹不及——有 50 个服务进程，就得有 50 条任务队列，任务之间还有依赖，这会带来其他的耦合问题，有时甚至比没用队列解耦之前更加糟糕。

4. 采用契约式设计

契约式设计是一种设计方法，该方法对接口给予了特别的关注（Meyer，1992）。每个接口都拥有自己的前置条件和后置条件。前置条件指的是组件的使用者在调用组件前，向其保证会先得到满足的一些条件；后置条件指的是在组件在完成其工作后，向系统的其他部分保证必然会成立的一些条件。

只要牢记康威定律的影响，你就可以利用契约式设计来消除工作流中技术依赖带来的影响。契约可以约束软件系统不同部分之间的接口交互，同时在无形中也为团队间的沟通设置了相同的接口期望。

10.6 大型项目上协作方式的变化

大部分的敏捷实践都建立在面对面沟通的基础上。有很多信息都依靠于团队成员之间口口相传。如，有些敏捷需求的编写者明确地说，绝大部分的需求都源于一场又一场的需求对话。在小项目上，团队往往发现这样就足够了。

而在大型项目上——所谓大型，自然指有更多人参与——团队成员往往分布在不同的地点（就算是同一个园区但不在同一栋楼，也算异地分布），随着项目推进，通常会有新成员加入进来，也会有老成员离开项目。

要把大型项目做好，仍期望通过口述的方式传递所有信息就不行了，需要做出改变。有更多工作需要预先完成，更多工作成果需要记录成文档，这样那些没有参与原始谈话的人仍然能了解这些知识。

10.7　大型项目带来的协作挑战

不仅在敏捷项目上，有许多规模化软件开发的方法论都没能正确地判断随着规模的扩大，项目需要增强哪种类型的协作。项目越大，对需求、架构、配置管理、质量管理 / 测试、项目管理、流程等非编码活动的需要就越多。关键问题在于，是否有一些领域的活动需要更多地发生，或者要求团队之间增加协作。

就经验而言，最常见的挑战是需求。在我的经验里，大型项目中最常出现协作问题的领域按照频繁程度从高到低依次如下：

- 需求（最常出现）；
- 架构（对设计要求较高的系统上常见）；
- 配置管理 / 版本管理；
- 质量管理 / 测试；
- 项目管理；
- 流程。

当考虑如何往大型项目的方向发展时，可以参考这个列表的排序，推测挑战最有可能在哪些领域发生。同时，需要审视一下组织存在的大型项目，了解它们最常遇到挑战的领域，然后重点考虑加强这些领域的协作。

10.8　大型敏捷项目的评分卡

我们发现在评估大型敏捷项目遇到挑战的主要领域时，使用评分卡来为项目表现打分的效果不错。图 10-2 展示的是一个采用星状图来为大型项目打分的例子。图里的评分标准采用了与 Scrum 计分卡里相同的标准：

- 0——未应用；
- 2——极少使用，并且效果不好；
- 4——偶尔使用，效果一般；
- 7——持续使用，并且效果不错；
- 10——充分利用。

蓝色线部分描出的是我们公司观察到的平均实践得分，虚线部分描出的是一个健康的大型项目的得分。想确保项目成功，大型项目的得分应该在 7 分（含）以上。

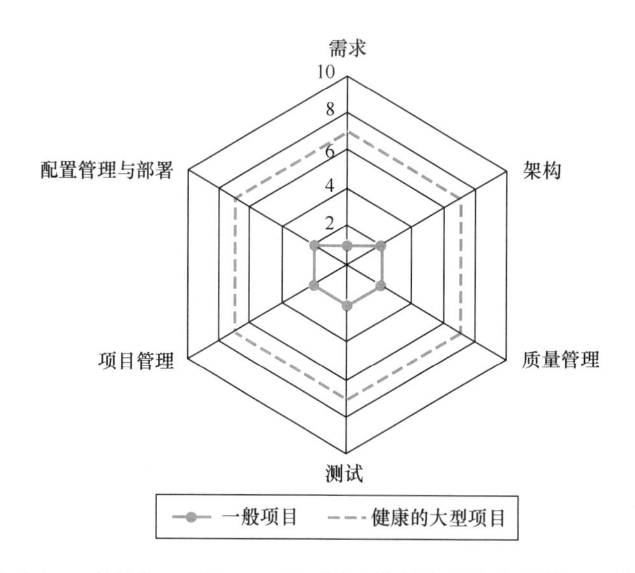

图 10-2 一款诊断性工具，用于展示大型项目在关键成功因素上的得分

下面是关于几个评估类别的更多细节。

- 需求。涉及多团队的需求实践，包括产品管理、产品待办事项列表、待办列表细化、系统演示或多团队的 sprint 回顾等。
- 架构。包括架构实践是否与项目规模相匹配、有无架构跑道（architectural runway）或类似实践等。
- 质量管理。涉及多团队的质量实践，包括系统回顾、检视—调整会议、产品级别和团队级别的质量指标设定、产品级别的完成定义等。

- 测试。涉及多团队的自动化测试基础设施、集成测试、端到端的系统测试、性能测试、安全测试，以及其他专门类型的测试等。
- 项目管理。包括依赖管理、涉及多团队的计划或产品增量（program increment）计划、Scrum of Scrums、与产品负责人的定期同步、产品级别的追踪 / 发布燃尽图等。
- 配置管理与部署。包括代码的版本控制、基础设施即代码、DevOps、部署流水线、发布管理等。

我们评估过的大型项目平均得分都远远低于小项目的平均得分，这与我对行业的整体印象大致相同。

10.9 从 Scrum 开始

第 4 章曾奉劝诸位从 Scrum 开始做起，这一点对大型项目来说更加紧要。如果在小项目上 Scrum 也没做好，那么可以肯定到了大型项目上会更糟糕。先确保小项目能够经常性地取得成功，再以此为基础演进到大型项目。巴利 • 玻姆（Barry Boehm）和理查德 • 特纳（Richard Turner）在 *Balancing Agility and Discipline: A Guide for the Perplexed* 一书中提到，从小项目开始向上演进，往往比做成大型项目再向下拆解更加容易（Boehm，2004）。

10.10 其他考虑

10.10.1 Scrum of Scrums

Scrum of Scrums（SoS）是一种将 Scrum 规模扩大到多个团队的方法。项目之间每周至少举行一次 SoS 会议，由每个团队派出一位代表参会。这种做法与 Scrum 团队里的每日站会差不多。

SoS 的初衷是将 Scrum 延伸到更多的 Scrum 团队上。虽然看上去 SoS 是一种合理的方法，但实际上我们很少看见这种方法带来成功。其中一个原因，我认为是由于 SoS 错误地推荐了每个团队的 Scrum Master 作为默认代表来参加这个协调会议。这个选择实际上假设了团队协作最常见的挑战源于流程和日常工作，但经验告诉我，最常见的协作挑战往往源于需求。因此，一般来讲，让产品负责人而不是 Scrum Master 去参加协调会议作用更大。

10.10.2 SAFe

SAFe（scaled agile framework）是一种更为精巧的框架，同样用于指导大公司的规模化敏捷。在我们所指导过的公司里，SAFe 是目前为止在大型项目中采纳最广泛的方法。SAFe 的框架很严谨，框架本身仍在稳定地演进和完善，当中也不乏一些真正有用的元素。话虽如此，在我们合作过的几家公司中，只有少数几家对他们的 SAFe 实践落地感到满意，并且他们的实践都经过了高度的定制。

在与各种软件组织合作的过程中，我们发现小公司都觉得他们的组织情况特殊，实际上并不是。小公司遇到的问题都是一样的，解决方案也都类似。大公司则都觉得别人一定也遇到过跟他们完全一样的问题，实际上也没有。大公司需要时间来培养、发展并提炼出适合自己的技术实践、业务实践，乃至他们的组织文化。

Scrum 作为一套模板，对小项目是有用的。但 SAFe 却无法像 Scrum 之于小项目那样，为大型项目提供那么通用的能力。SAFe 落地需要精心的裁剪，而当裁剪多到一定程度，倒不如说它提供的是一套有用的工具集，而不是一个高度集成的框架了。如果确定要采用 SAFe，我们推荐从 Essential SAFe（SAFe 的最精简版本）开始，以此为基础再做进一步推广。

给领导者的行动建议

检视

- 与项目的主要技术负责人，从康威定律的视角出发探讨一下架构。就你所见，人员的组织结构在哪些方面与技术的组织结构相匹配，在哪些方面不匹配？

- 回顾你管理的最大的项目的人员组织结构。工作能在多大程度上被真正拆分给不同的团队？在人员组织结构中，沟通网络的复杂度有多高？这些复杂度与软件架构是否相匹配？
- 回顾表 10-1 列出的敏捷重点实践。思考一下，除了引入更多预先设计的方案，你的组织有没有其他更简单的方法，能做到在大型项目上仍然维持尽可能多的敏捷实践不变。
- 审视大型项目上遇到了何种程度的挑战，辨别它主要由以下哪个方面所产生的协作问题而引起：需求、架构、配置管理及版本管理、质量管理/测试、项目管理，还是流程。

调整

- 制订一个架构演进的计划，以使团队的结构更加松耦合。
- 根据你在上面的“检视”行动中所掌握的协作问题的来源，调整你们大型项目上面的某些做法。

拓展资源

- McConnell, Steve. 2004. *Code Complete, 2nd Ed.* Microsoft Press.
  这本书的第 27 章描述了大型项目与小项目的一些内生动力，主要关注点在于项目规模变化时，项目级别的活动如何发生相应的变化。
- McConnell, Steve. 2019. Understanding Software Projects Lecture Series. *Construx OnDemand.* [Online]
  这个系列的许多讲座专注于讨论项目规模带来的相关问题。
- Martin, Robert C. 2017. *Clean Architecture: A Craftsman's Guide to Software Structure and Design*. Prentice Hall.
  这是一份有名的软件架构指导，它从设计原则开始，一步步构建起软件的架构。
- Bass, Len, et al. 2012. *Software Architecture in Practice, 3rd Ed*. Addison-

Wesley Professional.

这是一本详尽的、教科书式的架构讨论集。

- Boehm, Barry and Richard Turner. 2004. *Balancing Agility and Discipline: A Guide for the Perplexed*. Addison-Wesley.

  这是一本为有一定经验的读者准备的书，是一份很有价值的关于项目规模与敏捷度之间平衡关系的洞见。而对经验稍浅的读者来说，这本着重介绍 2004 年左右的敏捷实践的书，很难说对当下还有很强的指导作用（如书中以极限编程作为主要的敏捷方法，并未深入讨论完成定义，仍推荐 30 天的长 sprint，未提及待办事项列表细化，等等）。

第 11 章　卓有成效的敏捷质量

“如果你连将事情做对的时间都没有，你又怎能找到将它推倒重做的时间呢？”这句话在注重质量的组织里已经成为箴言代代传诵。将事情做对的实践一直在持续发展，现代敏捷开发也为此贡献了一些有效实践。

11.1　关键原则：使缺陷检测的时间最短

我们一般不这么去想，但是在软件项目里，引入缺陷确实是一件无法避免的事。在开发团队工作的每小时里，都会有一些缺陷被制造出来。因此，如果为一个软件项目里的累积缺陷引入画一条线，这条线应该也大体等同于团队的累积投入工作量的线。

但与缺陷引入相比，缺陷检测、缺陷消除不在日常工作的范畴里。缺陷检测和缺陷消除是一类特定活动的职责，即质量保障（quality assurance，QA）活动。

正如图 11-1 上半部分展示的那样，在很多项目上检测、消除缺陷的速度远远不及缺陷产生的速度。这样是有问题的，因为两条线的中间区域代表了潜在缺陷，即那些已经被添加到软件中，但尚未被检测和消除的缺陷。每个潜在缺陷都意味着额外的（通常是计划之外的）bug 修复工作，而且难以预测这些工作会增加多少预算开支、延缓多长时间的进度计划。简而言之，它们会扰乱项目节奏。

运转良好的项目能最小化缺陷引入与缺陷检测之间的差距，正如图 11-1 下半部分展示的那样。

一个项目的缺陷修复速度越接近于缺陷引入速度，它的运转效率就越高。正如图 11-1 所示，这些项目总能更快地、以更低的成本完成交付。没有项目能做到马上检测出所有新引入的缺陷，但尽量减少潜在缺陷的数量仍然是有意义的目标，即使这个目标不可能彻底实现。如果从发布上线是否准备充分的角度来解读如图 11-1 所示的两个图表，那么下面的项目比上面的项目做了更充足的上线准备。

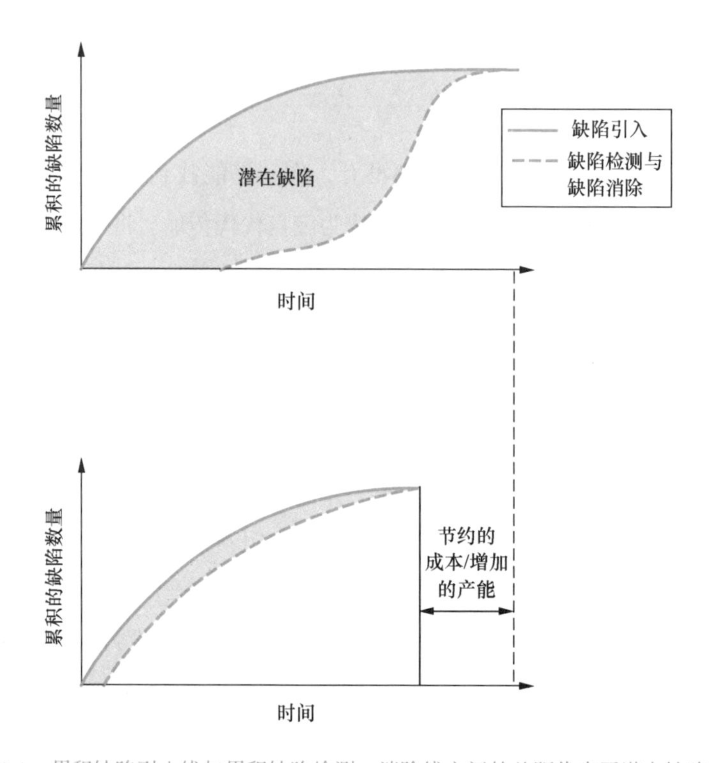

图 11-1 累积缺陷引入线与累积缺陷检测—消除线之间的差距代表了潜在缺陷数量

支撑最小化缺陷检测的时间这个目标的实践有很多，包括单元测试、结对编程、静态代码分析、代码评审（及时做才有作用）以及持续集成等，它们从细粒度的层面支持更早的缺陷检测。而敏捷强调以 1 ～ 3 周作为一个周期，持续确保软件质量维持在可发布水平，则是从更高的层面支撑缺陷检测。

11.2 关键原则：制定并采用完成定义

清晰的完成定义（definition of done，DoD）能确保 QA 工作与其他所有工作以相同的标准进行，从而有效地缩小缺陷引入与缺陷检测之间的差距。

好的完成定义包含了设计、编码、测试、文档以及其他所有与需求实现工作相关的验收标准。验收标准最好用清晰无误的、毫不含糊的语言进行陈述。图 11-2 就展示了一个完成定义的示例。

- ☐ 通过代码评审
- ☐ 通过静态代码分析
- ☐ 单元测试运行通过
- ☐ 单元测试达到至少 70%的行覆盖率
- ☐ 通过系统测试和集成测试
- ☐ 通过非功能性的自动化测试
- ☐ 构建过程没有错误或警告
- ☐ 所有公开 API 都有文档

图 11-2　一个完成定义的示例，它决定了一个待办事项是否真正算作完成

团队需要根据自身实际情况确定自己的完成定义。除如图 11-2 所示的这些因素外，完成定义还可以包含：

- 产品负责人接受了工作成果；
- 与 UI 样式指南保持一致；
- 通过验收测试；
- 通过性能测试；
- 通过指定的回归测试；
- 代码已经签入代码库；
- 需求文档得到了更新；
- 通过自动化的漏洞扫描。

11.2.1 使用多个完成定义

在下面两种情况下，团队可能需要不止一种完成定义。

（1）多种完成定义。对不同类型的工作采用不同类型的完成定义，有时是有益甚至是必须的。举个例子，对代码类型的工作来说，完成定义可能需要包含通过完整的回归测试，而写用户文档类型工作的完成定义就不需要。每种完成定义都需要定义工作可以结束的标准并遵循一个原则，也即当工作通过了完成定义验收之后，意味着不再需要任何的返工了。

（2）多层完成定义。另一个需要不同类型的完成定义的情况是工作无法在一个 sprint 之内完成。如，在一个软硬件混合的环境里，第一层的完成定义可以是通过所有模拟环境的测试，但不包含通过真实硬件上的测试，因为硬件环境可能还未准备好。第二层的完成定义再包含通过所有真实硬件上的测试。

同样道理，如果你的软件依赖于另一个团队或者外包商的软件，你可以先有一个第一层的完成定义，规定在另一个团队尚未交付你们依赖的组件时，只需要通过针对mock对象的测试。第二层的完成定义再注明需要在已交付组件上通过所有测试。

即使确实存在可能需要多层完成定义的实际状况，这样做也会带来风险，有时“完成”并不真的意味着完成。在多层定义的中间地带，可能会堆积一些质量一般的、临时的工作。因此最好避免此种形式的实践。

11.2.2 不断完善完成定义

遗留环境中的一个常见挑战是，大型代码库无法将其立刻转变成一个能够达到严格的完成定义验收标准的环境。因此，在遗留环境中实践完成定义，可能需要在一开始先设定一个比干净环境低一点的标准，当遗留代码库的质量得到提升后，再将完成定义逐步完善到更高的标准上。

11.2.3 实践完成定义的常见问题

在团队制定并实施完成定义时，请留意下面这些常见的问题。

（1）完成定义的标准离可交付状态差距太大。具体细节可能不同，但完成定义的真谛在于，一项工作一旦声明“完成”，就意味着能够发布而不再需要任何进一步的工作了。

（2）完成定义列表太长。如果一项完成定义的检查清单有 50 条事项，那对团队来说就太难遵循了，最后的结局就是人们会将它扔在一边。

（3）用于遗留系统的完成定义太过苛刻。对遗留系统来说，要避免制定一些不可能遵循，或者实施起来工作量超过项目承受范围的完成定义。

（4）完成定义描述活动而非结果。“代码已经经过评审”这样的标准只是描述了活动的发生，“代码已经经过代码评审并得到认可”这样的标准才是结果。

（5）多层完成定义的定义太过宽松。首先，要尽量避免使用多层完成定义。如果确实需要，确保每一层验收标准精确地描述了该层所期待的“完成”状态。

11.3　关键原则：将质量维持在可发布水平

完成定义适用的是单个工作事项。除此之外，还要确保整个代码库的质量维持在随时可发布水平，这能为其他许多实践提供一个质量安全网，保证它们的实施效率，包括编码、调试，以及获取有价值的用户反馈，等等。

频繁将软件质量维护在可发布水平，这条纪律能带来两项重要的好处。

首先，通过将质量维持在可发布水平，能够缩小缺陷引入与缺陷检测中间的差距。如果能持续在每 1 ～ 3 周的粒度上保证软件质量在可发布水平，这个差距就不可能持续扩大。这保证了高水平的软件质量。软件质量越是频繁地达到高水平，维持住这个水平就更加容易，进而也避免了技术债的累积。

其次，这能高效地支持项目计划和项目追踪。如果在每个 sprint 末尾，软件质量都能达到可发布水平，就意味着已经不需要对这块功能投入工作量。反之如果软件质量没达到可发布水平，就意味着日后还需要投入未知的工作量来提升质量。这些质量提升工作累积到后面的 sprint，会使你更难有效地评估项目的真实状态。关于这个重要的质量平衡我们在本章中会探讨更多细节。

基于这两条原因，团队在每个 sprint 结束时使工作质量达到可发布水平就格外重要。通常情况下，你会在 sprint 结束后把这些已完成的工作发布到生产环境；也有些时候，直接发布到生产环境可能不太合适，如你工作的环境受到监管，软件变更需要随硬件一起发布，或者工作还未达到作为一个最小可行产品的发布要求，等等。

11.4 减少返工

“返工”指的是对之前已经声明为“完成”的事项重新投入工作量。返工包括 bug 修复、需求理解有误、测试用例变更，以及其他一些原本该在一开始就做对的修正工作。

返工可能为项目引入混乱，返工部分的工作量是不可预测的，项目也不会在计划中为其拨出专门的时间来，返工部分通常也不会创造额外的价值。

度量返工的工作量是一种减少返工的有效方法，第 18 章会讲到这一点。

11.5 其他考虑

11.5.1 结对编程

结对编程是这样一种实践：两位开发人员坐在一起，其中一个人编写代码，另一个人负责对其产出做实时的校对。有时会把他们之间扮演的角色比作飞行员（pilot）和领航员（navigator）。结对编程是极限编程特别提倡的一种实践。

多年以来，行业里许多关于结对编程的研究数据表明，两个人结对工作的产出与两个人单独工作的总产出大概相等，但结对的质量更高，完成工作的速度更快（Williams，2002）（Boehm，2004）。

尽管结对编程与敏捷开发联系紧密，但我并未强调结对编程是一种更有成效的敏捷实践，因为在我的经验里，大多数开发人员都不太喜欢以结对的方式来完成主要工作。其结果就是结对编程在绝大多数组织里都作为一项在特定场景下选择性使用的实践——主要是在处理较为重要或复杂的设计和编码部分时采用。除了这种特定场景，我的态度是，假设团队希望全面采用结对编程，我支持，但我不会坚持必须使用结对编程。

11.5.2 集体编程和蜂拥式开发

集体编程（mob programming）是这样一种实践：整个团队使用同一台电脑，同时工作在同一件事情上。蜂拥式开发（swarming）是让整个团队同时工作在同一张故事卡上，不过每个成员都在自己的电脑上完成属于自己的那部分用户故事（这几个术语的用法可能有所不同，因此你可能也听过与我这里所说不太相同的版本）。

有一些团队在这些实践的采用上获得了成功，但它们的实际效用如何仍然未有定论。即使审阅本书终稿的过程中，几位审阅者的看法也大相径庭：有人认为这些实践根本不应予以采用，有人认为它们仅适合在新团队中采用，有人认为仅适合在经验丰富的团队中采用等。对这些实践，我尚未看到统一的共识，因此大体上我将集体编程和蜂拥式开发当成针对特定场景的实践，应该有选择性地采用，或者压根就不要用。

给领导者的行动建议

检视

- 回顾你的质量保障活动。缺陷一般是在什么时间、什么地点被发现的？评估一下，采用敏捷实践是否能让更多缺陷在更早的时候暴露。
- 回顾各个项目现存的 bug 列表。列表里还有多少未修复的 bug？ bug 的数量是否暗示着项目正允许潜在缺陷进入产品待办事项列表，却没有修复它们的计划？
- 让团队向你展示他们的完成定义。定义是否清晰？是否有文档记录？团队是否正在遵从这个定义？做到了定义的所有细节，是否就相当于软件质量达到了可发布水平？

- 调研团队有无度量项目中返工的工作量占比，并以此作为输入用以过程改进。
- 你的团队今天正在做的工作离达到可发布水平之间还有什么阻碍？你如何帮助团队解决这些障碍？

调整

- 基于你对缺陷检测时间和地点的评估，制订一个将质量管理实践左移的计划。
- 为你的项目制订一个减少现存 bug 数量并将之维持在较低水平的计划。
- 与团队一起度量项目中返工的工作量的占比。在实施过程改进时，请持续监控这个比例。
- 移除团队今日所做之事与达到可发布水平之间存在的障碍。

拓展资源

- McConnell, Steve. 2019. Understanding Software Projects Lecture Series. *Construx OnDemand*. [Online]

  这个系列里对质量相关的问题有全面的讨论。
- Nygard, Michael T. 2018. *Release It! Design and Deploy Production-Ready Software, 2nd Ed*. Pragmatic Bookshelf.

  这是一本内容领先而引人入胜的书，它讲解了如何设计和构建高质量的系统，如何解决诸如安全、稳定性、可用性、可部署性等一系列非功能性的需求。

第 12 章　卓有成效的敏捷测试

敏捷开发对传统测试的重心做了以下四个方面的调整。第一，它更多地强调了开发人员做测试；第二，它强调了测试前移，即在添加功能的同时马上对其进行测试；第三，它更多地强调了自动化测试；最后，它强调测试是一种细化需求和设计的手段。

对这四个方面的调整为其他敏捷实践——如仅做即时的而非预先的设计和实现——提供了一个至关重要的安全网。没有这层全面的自动化测试套件作为安全网，不断处于变更中的设计和代码环境将会受到缺陷的冲击，这些缺陷将像第 11 章所讲的那样，在未被发现之前就进入了潜在缺陷池里。拥有一张自动化测试的安全网，大多数缺陷在引入的当下就会马上被检测出来，这很好地支持了最小化缺陷引入与缺陷检测的差距这个目标。

下面几节将描述我们认为对敏捷项目而言最为高效的测试实践。

12.1　关键原则：由开发团队编写自动化测试

开发团队应该编写自动化测试，这些测试应该被集成到一个自动化的构建 / 部署系统中。最理想的做法是采用多种层级、多种类型的测试，如 API 测试、单元测试、集成测试、验收测试、UI 层测试等层级的测试，以及可以支持 mock、随机输入及随机数据、模拟等不同类型的测试。

测试应该由跨职能团队编写，团队里应该包含开发人员、测试人员，或者项目之前的测试人员。理想情况是，开发人员在编写实现代码之前先编写单元测试。测试的开发和自动化工作是一个待办事项实现工作的必要组成部分，必须包含在故事点估算里。

团队应该维护一套支持随时运行自动化测试的测试环境。自动化的单元测试以及自动化的端到端测试的合理组合，应该是所有完成定义的核心关注点。

开发人员应该能够在本地进行单元测试并模拟远端系统的行为。开发人员应当能够在几分钟内跑完产品组件的一套完整的单元测试集，测试可以是在团队共享的构建服务器上运行，也可以是在自己的本地机器上运行。

本地代码可以通过构建被提升到集成环境上，开发人员的单元测试也需要集成到该构建中。团队应当有能力在 1 ～ 2 小时内跑完并通过所有测试——包括所有的单元测试和端到端测试。每天应当运行多次完整的测试集并得到测试通过的结果。

大型研发型组织应该具备支撑持续集成的能力，能够在每次代码签入的时候运行所有自动化测试。对大型项目来说，这需要大量的虚拟集群环境来并行地运行这些测试集，而这又需要一个专门的团队（团队里还要有测试专家）来负责构建、维护、拓展持续集成服务器的工作，以便能将许多不同团队的测试集放到环境上运行。

一些备受关注的大公司——诸如亚马逊、奈飞等能够支持快速的、持续集成的测试，因为他们有单独的团队专注于这部分的能力构建，他们对计算机硬件进行了大量的投资，并且多年来一直在发展相关的能力。而那些在持续集成上刚刚起步，或不像亚马逊、奈飞这样对持续集成有大量需求的公司，应该控制好期望，恰当地慢慢发展。

遗留环境的测试自动化

一时无法开发出一套理想的测试集，不意味着可以不去着手编写自动化测试。我们见过许多团队，他们从别处继承了一个质量很差的代码库，但当他们开始往上添加基本的冒烟测试、再慢慢地把缺少的自动化测试补齐时，团队会发现这带来了巨大的收益——即使只有一小部分测试得到了自动化。你可以先从较为宽松的完成定义开始支撑自动化测试的落地，再慢慢以更加严格的验收标准取而代之。

为遗留代码增加测试时，从团队最常改动的那块代码开始效果最好。若仅仅为了增加覆盖率而去对已经稳定了数年不动的代码添加测试，往往收效甚微。

12.2　使敏捷测试卓有成效的更多要领

除了在开发团队中配置测试人员、使用自动化测试，以下还有一些要领，可帮助敏捷测试取得更好的成效。

12.2.1　确保开发人员对测试自己的代码负主要责任

在开发团队中配备测试人员可能会带来一个意料之外的副作用，那就是开发人员不测试自己的代码了，这与引入测试人员的初衷正好背道而驰！开发人员对自己工作的质量负有主要责任，其中就包括测试工作。要留意这些负面信号：

- 待办事项总是在接近 sprint 结束时才完成（这暗示测试工作是在编码之后发生而不是同时进行的）；
- 开发人员在手头的任务未通过完成定义验收前，又跑去做其他的编码任务。

12.2.2　度量代码覆盖率

尽管在编写代码之前先编写测试用例（测试先行）是一条挺有用的纪律，但我们发现对新的代码库来说，度量单元测试的代码覆盖率以及配置好测试自动化设施更为重要。对新的代码库来说，达到 70% 的单元测试覆盖率是有益且可行的目标。达到 100% 的单元测试覆盖率罕见，通常也远远超过边际效用递减的临界点（当然，有些安全攸关的系统是例外）。

我们公司服务过的一些组织里，做得最好的组织其测试代码和产品代码的比例大致是 1 ∶ 1，这里面既有单元测试代码，也有更高层级的测试代码。不过要再次强调，这也视软件类型不同而有差异。安全攸关软件就与业务软件或娱乐软件有不同的标准。

12.2.3　留意测试覆盖率作为度量的滥用

我们发现，类似达到 70% 行覆盖率的度量方法可能比你想象的更经常被滥用。我们见过有团队将失败的测试用例关闭以增加测试通过率，或者创建一些永远返回通过的测试用例。

如果发生这样的情况，修复系统往往比处理个人更有效果。这种行为的发生表明，团队认为开发工作的优先级高于测试工作。团队领导者需要与团队沟通，传达测试和质量保障与编码工作同等重要的信息。要帮助团队理解做测试的目的和价值，强调 70% 这样的指标只是一个参考，而不是目标本身。

12.2.4 监控静态的代码指标

代码覆盖率和其他一些测试指标很有帮助，但它们不是质量工作的全部。静态的代码质量指标也同样重要，如：有无安全漏洞、圈复杂度、条件嵌套深度、函数参数数量、文件大小、文件夹大小、函数长短、魔法数的使用、内嵌 SQL 语句、重复（复制粘贴的）代码、注释质量、对编码规范的遵循，等等。这些指标指出了代码的哪些部分可能需要更多工作以提高质量。

12.2.5 用心编写测试代码

测试代码应该遵循和产品代码一样的代码质量标准。测试代码同样要有好的命名，避免魔法数，具有良好的结构，避免重复，有一致的格式化，使用版本控制系统进行管理，等等。

12.2.6 对测试套件的维护排优先级

测试套件总是呈现出随时间腐化的倾向。一个测试套件中有一大部分的测试被关闭，这样的情况并不少见。团队应该将阅读和维护测试套件视作开发过程中的必要工作，并将测试工作作为完成定义的一部分。这对实现保证软件质量在可发布水平的目标（即将缺陷控制在可控状态）来说至关重要。

12.2.7 由独立的测试团队创建和维护验收测试

如果你的公司仍然维护着一个独立的测试组织，那么可以把这个组织利用起来，让他们承担编写和维护验收测试的主要责任。开发团队仍然可以继续编写，运行验收测试——这有益于缩小缺陷引入和缺陷检测间的差距，值得鼓励，但对此类工作开发团队将仅负次要责任。

我们看到，验收测试通常是在一个单独的 QA 环境里运行的。鉴于集成环境上部署的内容可能变化很快，这样做效果往往不错，因为 QA 环境通常更稳定一些。

12.2.8 不宜忽视单元测试以外的测试

敏捷测试的一个风险是，代码级别（单元）的测试可能被过多强调，而对一些新生层面的测试不够重视，如对可伸缩性、性能等的测试，这些层面在对一个更大的软件系统运行集成测试时就会变得更加明显。在宣布 sprint 完成之前，请确保团队已经进行了足够的系统级别的测试。

12.3 其他考虑

12.3.1 手工测试 / 探索性测试

手工测试在探索性测试、可用性测试以及其他类型的人工测试上仍占有一席之地。

12.3.2 日新月异的测试技术

软件世界的测试技术正在发生巨大的变革。这种变革正是因为云计算技术的诞生而成为可能，它使得决定哪些变更可以被提升到更高环境、哪些变更需要回滚等事务变得十分轻松。同时，在一些场景下，云计算也可能孕育新的测试报错模式。如果你对测试实践的理解仍然局限在软件系统上，如果你的知识库已经许久没有更新，那你可以花一点时间了解一些新的测试实践，如金丝雀发布（A/B 测试）、混沌猴子（Chaos Monkey）和猴子军团工具集（Simian Army），以及其他一些云相关的测试实践。

给领导者的行动建议

检视

- 回顾团队的自动化测试策略。是否制定了一个测试覆盖标准？是否制定了最低的测试覆盖率基线？
- 确定团队仍在通过手工方式进行的测试。团队是否需要一个计划？手工测试中哪些可以被自动化？

调整

- 为你的每个项目制定一个自动化测试应该达到的目标水平。制订一些计划，在接下来的 3 ～ 12 个月里实现并达到你所设定的目标水平。

拓展资源

- Crispin, Lisa and Janet Gregory. 2009. *Agile Testing: A Practical Guide for Testers and Agile Teams*. Addison-Wesley Professional.
  这是一份关于测试在敏捷团队及项目中有何不同的参考资料。
- Forsgren, Nicole, et al. 2018. *Accelerate: Building and Scaling High Performing Technology Organizations*. IT Revolution.
  这本书汇总了目前关于最有成效的敏捷测试实践的研究数据。
- Stuart, Jenny and Melvin Perez. 2018. Retrofitting Legacy Systems with Unit Tests. [Online] July 2018.
  这份白皮书指出了在遗留系统测试方面涉及的具体问题和解决方案。
- Feathers, Michael. 2004. *Working Effectively with Legacy Code*. Prentice Hall PTR.
  这本书深入探讨了很多在遗留系统上工作的细节，其中也包括测试。

第 13 章　卓有成效的敏捷需求开发

在最初从事软件开发的 25 年里，我看到的每个关于项目挑战与项目失败的研究都表明，问题的主要原因是糟糕的需求——不完整的需求、错误的需求、相互矛盾的需求等。而在过去的 10 年里我们公司发现，敏捷项目上最常见的挑战是好的产品负责人的缺失——你猜对了，还是需求的问题。

正因为软件项目是如此普遍和长久地经受着来自需求方面的挑战，因此我打算利用两章的篇幅，比其他话题更深入地探讨一下需求相关的事宜。

13.1　敏捷需求的生命周期

与 25 年前相比，今天我们手中已经有了一些极其有效的需求实践可以应用到敏捷项目上。这些实践对每个主要的需求开发活动都有帮助。

- 需求获取——初始的需求探索和发现。
- 需求分析——对需求的进一步理解，以获得更丰富、更精细的需求，包括需求的优先级。
- 需求规格说明——以持久化的方式表述需求。
- 需求确认——保证需求的正确性（能够满足顾客的需求），保证需求被正确地捕捉到。

对大多数需求技术，在敏捷项目中的做法和在顺序项目中的做法并没有太大差别，唯一存在区别的地方是，团队做这些活动的时机有所不同。

本章将讲述需求获取和需求规格说明活动，并开始讨论需求分析技术。下一章将重点关注需求分析中的优先级排序，以及敏捷项目中主要用到的需求验证技术，包括持续开展的需求对话，以及 sprint 末尾的评审（即可工作软件的演示）等。

13.2 敏捷需求工作有何不同

敏捷项目上的需求工作发生在与顺序项目不同的时间节点上。图 13-1 展示了这些区别。

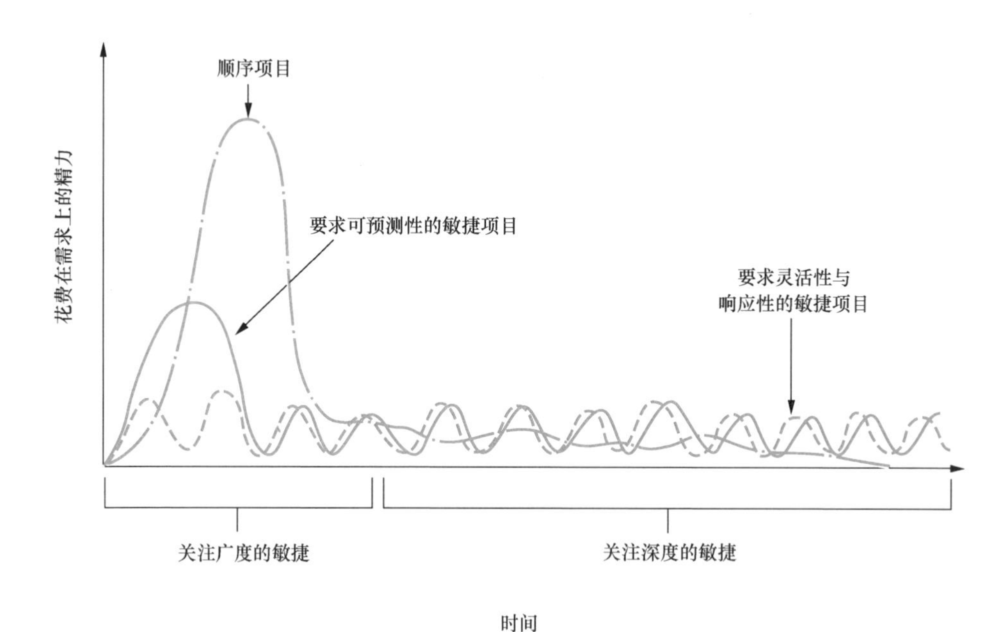

图 13-1 需求工作在需要可预测性而将其前移的敏捷项目、需要灵活性的敏捷项目以及顺序项目上的差异。摘自（Wiegers，2013）

在顺序项目中，很大比例的需求工作是在项目开始阶段大批量做完的。敏捷项目上需要的预先工作则少得多，主要关注点还是理解需求的范围。对可预测性要求较高的敏捷项目比其他敏捷项目需要多做一些预先的需求工作。但不论哪种敏捷项目，单个需求的细节细化（梳理）都会推迟到它们的开发工作开始之前。

敏捷项目的目标是在项目开始阶段只定义各个需求的精要，而把大部分（有时是全部）具体细化工作留到开发工作开始前再做。在敏捷项目中，需求细化工作没有变少，只是时间往后延了。有些敏捷项目会犯压根不做需求细化的错误，但这更像在先写再改的开发方式下会发生的事。高效的敏捷项目会采用本章后面讲到的实践来开展需求细化工作。

图 13-2 从图形化的视角展示了敏捷项目是如何处理需求的。

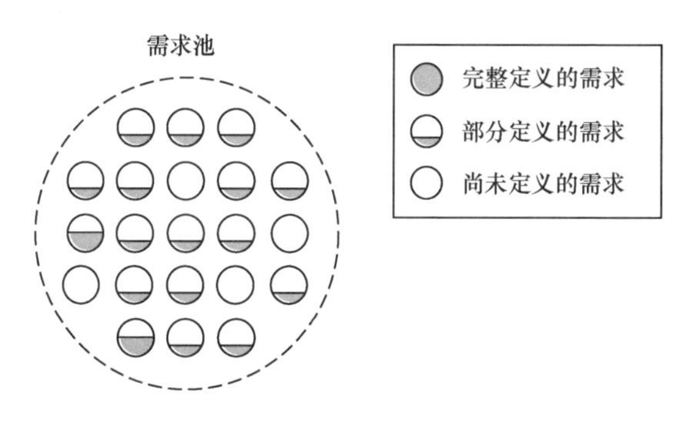

图 13-2　敏捷项目处理需求的方法

在顺序项目中，每个需求的细节都必须预先分析好，不会留太多的需求工作到项目的后面。所有需求都是提前完善好，而不仅仅是需求精要，如图 13-3 所示。

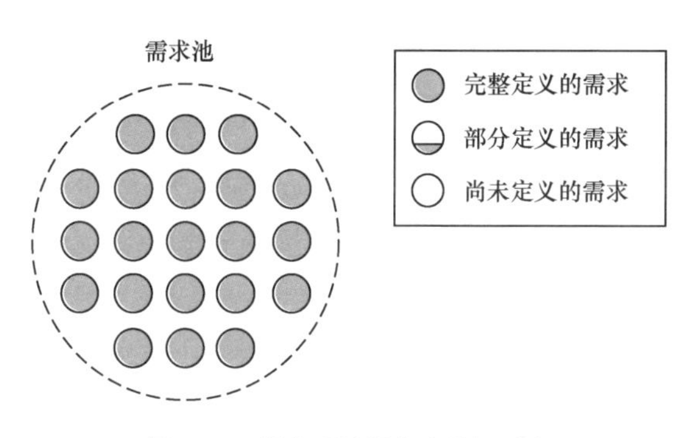

图 13-3　顺序项目提前完善好需求

详细的需求分析在敏捷开发与顺序开发中都存在，只是发生的时间点不同。随着项目推进，这种差异就体现在不同时间节点各自能完成的工作类型不一样，如图 13-4 所示。

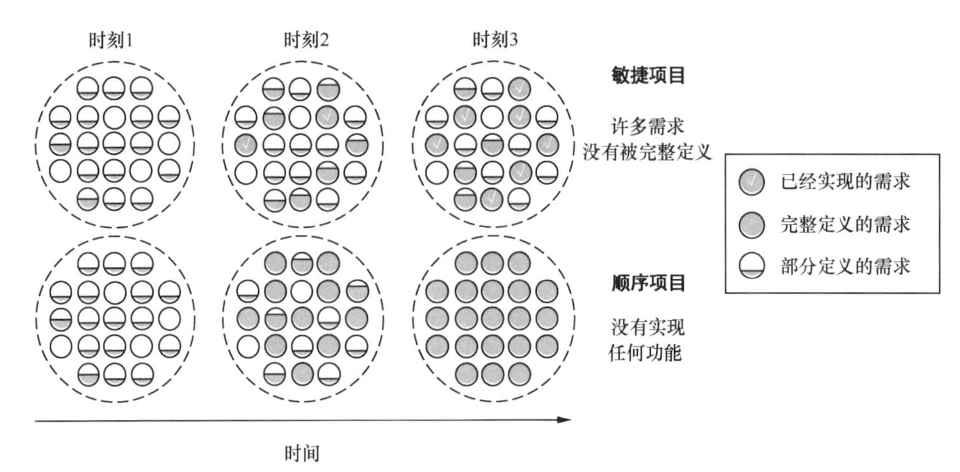

图 13-4 敏捷项目与顺序项目在不同时间节点需求和功能完成程度的差异

顺序项目预先完成大量需求工作的方式本质上是在说："我确信预先的需求细化工作能为项目后期增加价值。预先细化需求能减少不确定性，并且这批预先工作量中有一定的变质率是可以接受的。"（"变质"指的是需求工作在实现工作开始前就已经过时。）

敏捷项目的方式本质上是在说："我确信做完从需求到编码实现（而不仅仅是需求）的工作并获得反馈才能减少不确定性。我认为预先做大量需求细化工作会让相当一部分需求细节在实现前就已经发生变质。而需求变质带来的浪费与预先完整地定义需求可能带来的任何价值相比都要高。"

这两个观点都有正确的地方，哪种方法效果更好则取决于许多因素，例如团队的工作是位于 Cynefin 框架中的繁杂域还是复杂域，需求工作者的技能水平，以及团队对所做工作属于繁杂域而非复杂域的确信程度。

13.3 Cynefin 框架与需求工作

对 Cynefin 框架内的繁杂问题，如果团队在需求开发工作方面有足够的技能，要预先对一个完整的系统进行建模是可能的。

对 Cynefin 框架内的复杂问题，要预先知道系统需要做什么则是不可能做到的事情。对开发团队和业务人员来说，需求开发工作是一个不断学习的过程。在复杂域里，即使是很优秀的从业人员，也难以在亲自动手之前知道自己要做什么的所有细节。

尝试预先确定一个复杂问题的需求通常会遇到下面这些挑战。

- 需求变更。变更的需求需要在实现工作开始前重新细化。初始的细化工作成了浪费。
- 需求取消。做了大量细化工作后发现不需要这个需求了。细化工作又成了浪费。
- 实现了并非真正需要的需求。这通常只有在用户看见可工作的软件后才能发现。
- 需求缺失或者在项目进展过程发现新需求。这会导致那些以为需求已经预先得到完整（或近乎完整的）定义，并以之作为前提假设的设计和实现方法出现问题。这部分假设错误的设计和实现工作成了浪费。

图 13-5 对比了在顺序项目的需求已经完整定义的时间节点（也就是如图 13-4 所示的“时刻 3”时间点）之后，发生需求变更对项目造成的浪费。

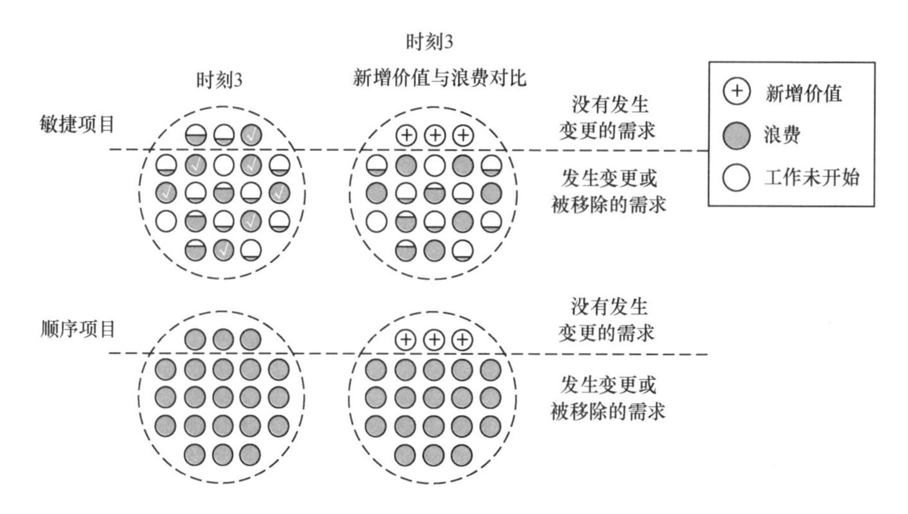

图 13-5 在敏捷项目与顺序项目中途发生需求变更带来的浪费对比

图 13-5 的上半部分所示代表的是敏捷项目。显然，没有发生变更的需求不会造成浪费。发生变更或者被移除的需求造成的浪费取决于工作的完成程度。只

有部分定义的需求产生的浪费更少——就是那些只得到了部分填充的小圆点——而已经完整定义的需求造成的浪费更多。

图 13-5 的下半部分所示代表的是顺序项目。发生变更或者被移除的需求造成了更大程度的浪费，因为在它们发生变更之前投入了更多的资源。

需求缺失或失效的现象在敏捷需求里同样不可避免，但由于对它们的预先投入不多，因此整体上造成的浪费也较少。

13.4 敏捷需求：故事

敏捷需求最常见的描述形式非故事莫属。一张故事卡的常见格式如下：

作为 < 某个类型的用户 >，我希望 < 目标 / 要求 >，以便获得 < 收益 >

一个故事是一组有限的、有明确定义的功能。并非所有的故事都是需求。如表 13-1 所示就举了一些例子。

表 13-1 用户故事的示例

用户类型			目标 / 要求		收益
作为一个	软件组织领导者	我希望	可以量化地了解我所管理的项目的进展	以便	能让其他人也知晓项目状态
作为一个	业务领导者	我希望	在一个地方看见所有项目的状态	以便	能了解哪个项目需要我特别关注
作为一个	技术员工	我希望	以较低的成本汇报我的状态	以便	能将更多时间花在实际的技术工作上

敏捷项目通常将故事作为传达需求的主要手段。故事可以通过敏捷工具、文档、表格或者索引卡的形式来记录。正如表 13-1 所示的例子那样，故事本身并没有详细到可以支撑开发工作的程度。故事是一份可追溯的文档，用于记录业务人员和技术人员之间发生的对话。这样的对话需要从业务、技术、测试以及该故事需要的其他视角对故事进行细化。

13.5　敏捷需求容器：产品待办事项列表

敏捷需求一般都存放在产品待办事项列表中。待办事项列表中可以包含故事（story）、史诗（epic）、主题（theme）、创新（initiative）、特性（feature）、功能（function）、需求（requirement）、功能增强（enhancement）、bug 修复（fix）等项目范围里的任何待办事项。“待办事项列表”是 Scrum 的标准术语，在看板团队里可能称之为一个“输入队列”，但概念是类似的。工作在更正式环境里的团队（例如受监管行业）可能需要更正式的需求容器（如文档）。

多数团队觉得，要支撑日常计划和技术实现的正常运转，待办事项列表里只要充分细化好未来两个 sprint 的工作事项就足够了。对主要在 Cynefin 框架的复杂域里工作的团队来说，计划周期越短可能越切实可行。

图 13-6 展示了当产品待办事项（product backlog item，PBI）越接近实现时，它们随之得到的细化越仔细。我以漏斗的形式来展现待办事项列表，在漏斗口附近的是近期的工作。（敏捷团队通常称待办事项列表为一个队列，排在队列前面的是近期的工作。）

哪些内容可以进入产品待办事项列表

一般来说，产品待办事项列表里存放的就是需求，不过需求的定义可能过于宽泛了。最为常见的产品待办事项大致有如下几种类型。

（1）需求。需求是一个概括的术语，它下面可以包含特性、史诗、故事、修复、功能增强等。需求不一定是指已经记录完整、严谨无误的需求。实际上正如本章前面所讨论的以及图 13-6 展示的：在敏捷工作里，大部分需求都处在只是部分定义的状态，直到需求被实现前才会对其进行细化。

（2）特性。一个能够交付业务功能或业务价值的功能增量。特性的含义是它的交付时间超过一个 sprint。通常认为特性是一组用户故事的集合。

（3）史诗。一个交付时间超过一个 sprint 的故事。史诗和特性的共同点在于两者规模都较大，无法在一个 sprint 之内完成，除此之外，关于两者细节上的具体差别并没有普遍共识。

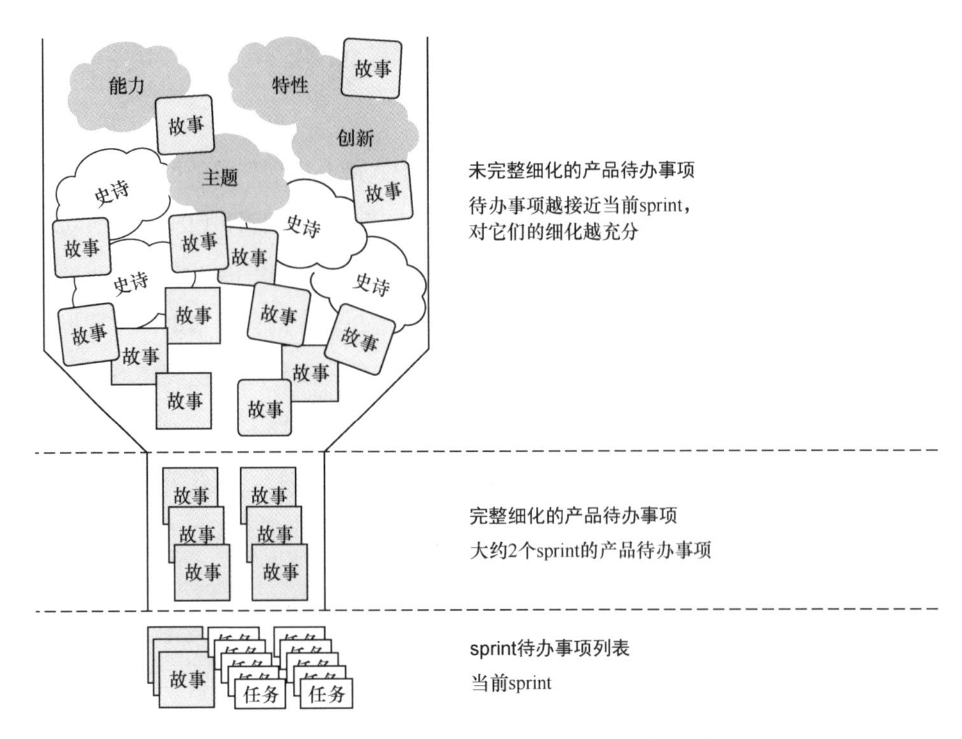

图 13-6 敏捷产品待办事项列表强调即时的细化

（4）主题、投资性主题、能力、创新、功能增强及其他术语。因为待办事项列表需要被定期细化，因此各种类型的事项都可以被添加进来——往往是加在待办事项列表的最后面，只要它们能在适当的时候得到进一步细化即可。

（5）用户故事（或故事）。一个从系统用户的角度描述的功能或能力。有些人在故事和用户故事两个术语之间还会做些区分，但这两个术语并没有标准化的用法——在大多数情况下这两个术语是等价的。故事一般的定义是指它能被安排到一个 sprint 之内完成。如果在细化的过程发现一个故事需要超过一个 sprint 的时间完成，那么它将被重新归类为一个史诗。

（6）修复、偿还技术债、技术试验（spike）。并未直接实现用户需求的纯开发工作。一般称这种工作为赋能型工作。

用于描述产品待办事项列表内容的术语五花八门，有时术语间的意义和差别也比较模糊。因此，有些敏捷实践者简单地把所有事务都称为产品待办事项，这也是一种不错的办法，回避了因术语而带来的问题。

13.6 需求如何进入产品待办事项列表

产品待办事项列表在敏捷项目中充当了很关键的角色，但许多敏捷文献却闭口不提产品负责人以及敏捷团队的其他人应当如何往其中添加内容。

需求可以通过多种技术进入产品待办事项列表。这些技术总的来说有两类：自顶向下的方法和自底向上的方法。

13.6.1 自顶向下的需求获取

在自顶向下的方法中，需求过程先从一张大的蓝图开始。团队需要识别出参与者、特性、史诗及创新点——高层级的业务目标、业务功能和业务能力，然后再将它们拆分成用户故事。以下这些不错的技术可以用于自顶向下的方法：

- 创建一张故事地图；
- 定义产品愿景；
- 一个电梯演讲；
- 撰写新闻发布稿和常见问题答疑（FAQ）；
- 创建一张精益画布；
- 设计一张影响地图；
- 识别用户画像。

每项技术都旨在为发布定义一个大致的方向，以及辅助团队拆解出更细致的、能够指导实现的用户故事。

13.6.2 自底向上的需求获取

在自底向上的方法中，需求过程先从具体细节——通常是用户故事——开始。以下这些不错的技术可以用于自底向上的方法：

- 组织一个用户故事编写工作坊；
- 与典型用户开展焦点小组访谈；
- 进行需求引导访谈；
- 观察用户完成工作的过程；

- 查看当前系统的问题报告；
- 回顾已有的需求（是否在重造一个已有系统的功能）；
- 查看已有的改进请求。

产生具体的用户故事后，再把它们进一步聚合成主题、特性或史诗。

13.6.3 自顶向下与自底向上的对比

全新的开发工作多采用自顶向下的方法，而遗留系统或演进式开发则更适合自底向上的方法。在一个进行迭代式开发的全新项目上，团队可能会在开始的时候使用自顶向下的方法，等到开发了一定的功能来获得用户反馈之后，再切换成自底向上的方法。

采用自顶向下的方法时，常见的挑战是没能深入挖掘到足够多的细节以充分了解需求的范围，直到后面做待办事项列表细化时才发现许多未考虑到的细节。

采用自底向上的方法时，常见的挑战是没能获得一个有意义的系统全景图，容易“只见树木，不见森林”。你可能忽视一些更高层级的限制，它们会让低层级的某些具体工作失去意义。这需要额外的工作来确保团队始终工作在一个连贯而正确的方向上。

从某种程度上讲，自顶向下的方法和自底向上的方法可以在中间部分相遇。一个用户故事编写工作坊，可以用许多自顶向下的技术；一次需求引导访谈，也可以用撰写新闻发布稿的方法，等等。

关于更具体的敏捷需求获取实践超出了本书的讨论范围。本章最后的“拓展资源”包含了一些推荐书目，指引读者可以去哪里寻找更多的信息。

13.7 关键原则：细化产品待办事项列表

产品待办事项列表有了最初的内容后，就需要持续地对其进行细化，使每个待办事项都包含足够的信息，以支持高效的 sprint 计划和开发工作。一般来说，我希望看到待办事项列表里完整细化的待办事项永远都能填满未来至少两个 sprint（不包含当前的 sprint）。

待办事项细化不充分可能给敏捷团队带来一系列的严重问题：

- 待办事项定义的细节不够详细，不足以指导实现工作，这可能导致团队走错方向；
- 团队等到 sprint 开始才花费大量时间做细化，细化时又发现很多意料之外的事情；
- 待办事项未得到及时更新，以致团队实现了过时的需求；
- 待办事项列表没有排好正确的优先级，以致团队工作在低价值的事项上而延误了价值更高事项的交付；
- 待办事项故事点估算偏小，以致团队的工作量膨胀而无法完成当前 sprint 的承诺；
- 待办事项列表里缺乏足够细化的待办事项，以致团队没有工作而陷入空转。

待办事项列表细化会议

待办事项列表细化工作在待办事项列表细化会议上完成，该会议需要产品负责人、Scrum Master 和开发团队共同参与。整个团队都必须参加会议，这样有利于对接下来的工作形成共同理解。

会议需要进行如下工作：对故事和史诗进行讨论，将史诗拆分成故事，将故事拆解成更小的故事（以及将史诗拆解成更小的史诗），澄清每个故事的细节，定义它们的验收标准，并为它们估算故事点数。

待办事项列表细化会议通常在 sprint 中期召开。如果会议中留下了亟待解决的问题，那么在下次 sprint 计划会议开始前需要做好回答这些问题的准备工作，这样才不会让遗留问题影响 sprint 计划会议的正常开展。

产品负责人需要提供一个已经排好优先级的产品待办事项清单供待办事项列表细化会议上讨论，这份清单里应该已经做好了大部分需求相关的阐述与解释。

13.8 关键原则：制定并使用就绪定义

正如完成定义的作用是帮助团队避免将未真正完成的工作拖入下一个阶段，一份记录清晰的就绪定义（definition of ready，DoR）能帮助团队避免将尚未准备好的需求拖入开发阶段。当一个产品待办事项满足如下条件时，我们就认为它就绪了：

- 团队已经充分理解该需求并能决定是否可将其放入 sprint 开始实现；
- 已经做好估算，并且完全可以在一个 sprint 内完成；
- 不存在可能导致其在 sprint 实现过程中被阻塞的外部依赖；
- 有明确的验收标准（是可测试的）。

团队可以根据这些要点制定自己的就绪定义。总的目标就是让这些待办事项在下次 sprint 计划会议之前得到充分的细化，这样团队才能拥有全部必要的信息以行之有效地制订计划，而不至于被尚无答案的问题分心。

13.9 其他考虑：需求基础

需求一直以来都是一个棘手的问题。敏捷在制定需求活动准则方面贡献了许多有用的实践，但这并未改变高质量需求的重要性。

在传统的顺序开发中，需求问题带来的影响非常显著，因为它累积起来的低效率会在项目后期一次性爆发。在周期为一年的项目中，假设糟糕的需求会降低项目 10% 的效率，那就意味着项目将延期一个月。这种痛苦感是很难忽略的。

在敏捷开发中，定义糟糕的需求带来的痛苦感被更频繁地分散到整个项目的进程中、分散到更小的功能增量上。同样是 10% 的效率降低，团队感受到的无非是每几个 sprint 重写一个故事。这样经历起来感觉就没那么痛苦了，因为痛苦感不是一次产生的。当然，累积下来的效率损失依然可观。

开展团队回顾会议时，敏捷团队应该对需求问题给予特别的关注。团队如果发现有误解用户故事的现象发生，就应该考虑投入专门的精力来提升团队的需求技能。

对诸多需求实践进行深入讨论显然已经超出本书的范畴，读者可以通过需求技能自我评估表（见图 13-7）来检验所掌握的知识。如果对大部分术语都不熟悉，至少要知道软件需求如今已是一门得到充分发展的学科，并且有很多好的技术实践。

□ 验收测试驱动开发	□ 用户访谈
□ 行为驱动开发	□ 追问式提问
□ 检查清单	□ 精益画布
□ 语境图	□ 最小可行产品（MVP）
□ 电梯演讲	□ 用户画像
□ 事件列表	□ Planguage
□ 极端使用者	□ 新闻发布稿
□ 五个“为什么”	□ 产品愿景
□ 麻烦地图	□ 产品原型
□ 影响地图	□ 场景
	□ 故事地图
	□ 用户故事

图 13-7 需求技能自我评估表

给领导者的行动建议

检视

- 透过“预先规划”与“即时规划”两种视角，回顾团队处理需求的策略，估计团队的“需求变质率”（在定义之后、实现之前过时或者需要重新细化的需求比例）有多高？
- 团队是采用自顶向下的方法还是自底向上的方法获得需求？对本章描述的两种方法带来的常见挑战，你在多大程度上看见团队也在经历？团队是否有解决这些挑战的办法或计划？
- 带着了解团队待办事项列表状态的目的，参加一次待办事项列表细化会议。团队是否有足够多有明确定义的需求，以支持团队在 sprint 中开展高效的 sprint 计划和开发工作？

- 调研团队是否制定并用文档记录了就绪定义。团队是否正在采用并实践该定义？
- 查看以往的 sprint 回顾会议，找出那些因由细化不充分导致无法完成的待办事项。团队是否已经采取行动来避免此类情况再次发生？

调整

- 制定就绪定义。
- 采取行动确保团队定期进行产品待办事项列表的细化。

拓展资源

- Wiegers, Karl and Joy Beatty. 2013. *Software Requirements, 3rd Ed.* Microsoft Press.

  这是一本非常易读的书，它对顺序开发和敏捷开发工作中的需求实践进行了详尽的描述。
- Robertson, Robertson Suzanne and James. 2013. *Mastering the Requirements Process: Getting Requirements Right, 3rd Ed*. Addison-Wesley.

  这本书是 *Software Requirements (3rd Edition)* 很好的补充读物。
- Cohn, Mike. 2004. *User Stories Applied: For Agile Software Development*. Addison-Wesley.

  这本书详尽地讨论了有关用户故事的方方面面。
- Adzic, Gojko and David Evans. 2014. *Fifty Quick Ideas to Improve Your User Stories*. Neuri Consulting LLP.

  正如书名所说，这本书为提高用户故事的质量提供了许多有用的建议。

第 14 章　卓有成效的敏捷需求优先级排序

敏捷开发强调的一个关键实践就是按照业务优先级从高到低的顺序进行功能交付。拥有最高优先级的那些用户故事会被移到待办事项列表的顶端以做额外的细化，为近期的 sprint 做好实现准备。在决定要实现哪些故事、不实现哪些故事的时候，也常用到优先级排序的技术。

对需求进行优先级排序在所有类型的项目里一直都是很高效的实践，但在敏捷项目中，需求优先级排序技术成为了更受关注的焦点。敏捷已经发展出几项颇有成效的需求优先级排序技术。在深入了解这些技术前，让我们先来关注一下敏捷项目中对需求优先级负有最主要责任的角色。

14.1　产品负责人

正如第 4 章提到的，Scrum 最为常见的一种失败模式便是拥有一个不称职的产品负责人。在我公司的服务经验里，一个高效的产品负责人应该具有以下的品质。

（1）是领域专家。一位有成效的产品负责人对应用、行业，以及对产品所服务的顾客群应该了如指掌。他们对行业的深入理解是为团队交付做优先级排序的基础，其中也包括他们对一个最小可行产品（MVP）中真正需要什么东西的理解。他们还拥有必要的沟通技能，以向技术团队传达业务上下文。

（2）掌握软件需求技能。一位有成效的产品负责人能理解要定义好适合于特定环境的需求，需要了解什么类型的细节，以及对细节掌握到何种深度（比方说，做业务系统与医疗设备对需求所要了解的详细程度就不同）。产品负责人能理解需求与设计的差异——他应该只关注需求是什么，至于如何实现的问题应该交给开发团队来决定。

（3）掌握引导技巧。一位强有力的产品负责人能够带领团队朝一个共同的目标前进。软件需求工作主要在于协调多方冲突的利益：业务目标与技术目标之间的权衡，团队对局部技术的想法与更高层级的组织架构之间的权衡，不同产品利益相关者之间的冲突，以及其他的紧张情势，等等。一位富有成效的产品负责人能够帮助各位利益相关者明白，为了打造一款优秀的产品需要拥有不同的视角。

（4）要有勇气。一位有成效的产品负责人能够在需要的时候做出决策。有成效的产品负责人不会独断专行，但他明白什么时候应该由他拍板决定，什么时候可以让团队共同做出决策。

（5）干练的个人品质。一位有成效的产品负责人往往具有干练的个人品质，如充满活力，对待办事项列表细化非常主动，能够高效地引导会议，以及能持续地追踪事务进展直至完成等。

这里列出的优良品质也暗含了对优秀产品负责人某些方面的背景要求。理想的产品负责人需要具备一定的工程背景，对所处领域有经验，以及有一定的业务经验。不过就如我前面所讲的，只要有适当的训练，业务分析师、客户支持人员、测试人员等角色都可以胜任优秀的产品负责人。

14.2 T恤估算法

我在《软件估算——黑匣子揭秘》（McConnell，2006）一书中曾说过，T恤估算法是个有用的工具，它能帮你对粗粒度的功能基于大致的投资回报进行优先级排序。

具体的方法是，由技术同事根据每个故事与其他故事的相对大小（开发成本），使用T恤尺码作为估算单位，将它们归类到S（小）、M（中）、L（大）

或 XL（特大）中的一个单位上（这里的“故事”也可以是一个特性、需求、史诗等）；与此同时，由顾客、市场人员、销售人员或其他非技术的利益相关者按照每个故事提供的业务价值，基于相同的单位对它们进行归类。最后将这两组估算值合并起来，得到如表 14-1 所示的结果。

表 14-1　利用 T 恤估算法，按照业务价值和开发成本对故事进行归类

故事	业务价值	开发成本
故事 A	大（L）	小（S）
故事 B	小（S）	大（L）
故事 C	大（L）	大（L）
故事 D	中（M）	中（M）
故事 E	中（M）	大（L）
故事 F	大（L）	中（M）
……		
故事 ZZ	小（S）	小（S）

在业务价值与开发成本之间建立起联系，能帮助非技术的利益相关者进行类似这样的思考：如果故事 B 的开发成本比较大，那我就不想要了，因为它带来的业务价值较小。在故事早期细化阶段就能做出这样的决定，具有极大的意义。相反，如果让这个故事一直进行到细化、架构、设计等后续阶段，那就是在一张价值与付出成本不相匹配的故事卡上浪费精力。在软件世界里，能够快速决定不做一件事情是有很大价值的。T 恤估算法能够在项目早期辅助决策，排除掉一些用户故事，让它们不必再进入后续的阶段。

如果能将所有故事按照大致的成本 / 收益率排序，那么在讨论哪些故事要继续做、哪些故事可以砍掉的时候会轻松一些。通常来说，可以根据开发成本和业务价值的组合确定一个净业务价值得分，并以各故事的得分作为排序依据。

表 14-2 展示了一种可能的方案：为每对组合分配一个净业务价值分数。你可以直接使用这套方案，也可以定制一套自己的方案，使其能更准确地反映在你的上下文环境中，特定开发成本与业务价值的组合所带来的价值。

表 14-2 基于开发成本与业务价值的组合所得到的近似净业务价值得分表

业务价值	开发成本			
	特大（XL）	大（L）	中（M）	小（S）
特大（XL）	1	5	6	7
大（L）	-4	1	3	4
中（M）	-6	-2	1	2
小（S）	-7	-3	-1	1

有了这份表格，你就可以查找对应组合的得分并将其作为第三列添加到原来的开发成本 / 业务价值后面，然后再根据近似的净业务价值得分对表格排序。所得结果如表 14-3 所示。

表 14-3 按照近似净业务价值对 T 恤估算法得到的估算结果进行排序

故事	业务价值	开发成本	近似净业务价值
故事 A	大（L）	小（S）	4
故事 F	大（L）	中（M）	3
故事 C	大（L）	大（L）	1
故事 D	中（M）	中（M）	1
故事 ZZ	小（S）	小（S）	1
故事 E	中（M）	大（L）	-2
……			
故事 B	小（S）	大（L）	-3

近似净业务价值一栏正如其字面意思：它是个近似值。我不建议通过在列表中间划分界线的方式来决定故事的去留。通过近似净业务价值进行排序的意义在于，它可以让你对列表最上方的故事快速得出必然要做的决策，而对列表最下方的故事得出必然不做的决策。但中间那些故事还是需要讨论的。因为净业务价值只是一个近似值，因此偶尔还是会有这样的场景：当你深入细节时，你会发现一个价值只有 1 的故事，其实比一个价值为 2 的故事更加靠谱。

上面关于 T 恤估算法的讨论中，对开发成本和业务价值的估算采用了同样的度量单位。如果故事已经细化至可以估算点数的程度，那么使用故事点数来估算开发成本，并且仍然使用 T 恤尺码来估算业务价值，上述估算技术仍然适用。这样计算出的近似净业务价值，投资回报率（ROI）最高的故事仍然排在最前面。这项估算技术与你采用何种度量单位来估算开发成本没有关系。

14.3 故事地图

因为待办事项列表里常常包含成百上千张故事卡，所以有时在做优先级排序的时候容易迷失，在每个 sprint 末尾交付的一组故事也容易缺少连贯性——即使单独来看它们确实是优先级最高的待办事项。

故事地图是一个强有力的工具，它能帮你排列待交付故事的优先级顺序，同时还能保证一组故事可以形成连贯一致的功能（Patton，2014）。故事地图对需求的获取、分析以及需求规格同样有帮助，同时它还能助力开发过程中的状态追踪。

故事地图需要整个团队一起经营实施，它包含以下 3 个步骤。

（1）用便利贴记录下主要的大块功能，把它们按照优先级排列在一行上，最左边的优先级最高，越往右边优先级越低。大的功能块可以包含特性、史诗 / 大故事、主题、创新及其他粒度较粗的需求。在本篇后续的讨论中，我会使用“史诗”一词来统一指代这些需求。

（2）将顶层史诗拆分成步骤或主题。这个拆分不会改变史诗的优先级顺序。

（3）将每个步骤或主题进一步拆分成用户故事，并记录在便利贴上。将拆分出来的故事排列在每个步骤或主题之下，优先级按从上往下的顺序递减。

这套流程最终会产出一张故事地图，上面罗列了所有需求并按照从左到右、从上到下的优先级排好了顺序。

以下几小节将更详细地介绍每个步骤的细节。

14.3.1 第一步：对史诗及其他顶层事项做优先级排序

顶层事项记录在便利贴上，按照从左到右的排列确定优先级顺序，如图 14-1 所示。

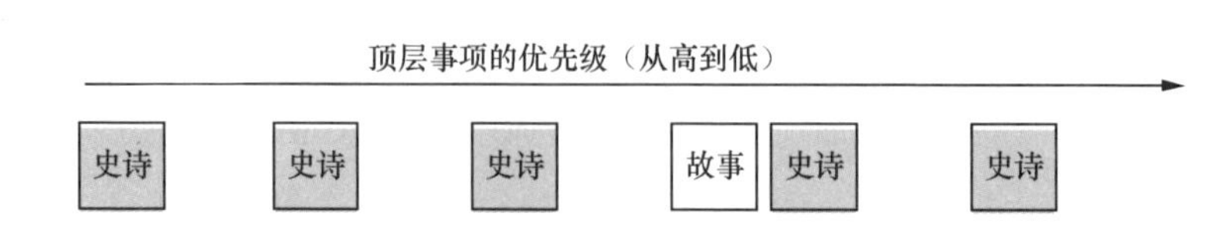

图 14-1 故事地图从罗列史诗（及其他顶层事项）开始，并按照从左到右的顺序排列优先级

每个史诗可以使用按 T 恤估算法或其他技术（如加权最短工作优先方法，我们将在第 22 章介绍）来确定优先级顺序。

排列在故事地图右侧的是优先级较低的史诗，它们可能重要程度不太高，不会被包含到发布里面。即使它们有发布的价值，其重要程度也可能不足以被包含到最小可行产品（MVP）中。

14.3.2 第二步：将顶层史诗拆分成步骤或主题

大多数史诗都可以很容易凭直觉将其讲述成有顺序的多个步骤。有些史诗不包含一系列的步骤，但可以被拆分成多个主题，如图 14-2 所示。

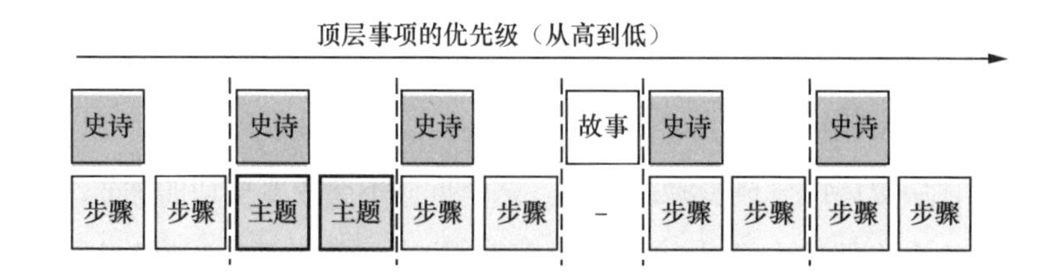

图 14-2 故事地图在史诗下方铺开步骤或主题，这并不会改变史诗的优先级顺序

在故事地图中，通过拆分得到的第二层步骤和主题称为主干（backbone）。通读一遍主干上的描述，应该能得到一个关于总体功能的连贯描述。

14.3.3　第三步：将每个步骤或主题拆分成按优先级排序的用户故事

在主干之下，每个步骤或主题会被进一步拆分成一个或多个故事。如图 14-3 所示，故事按照优先级从上到下的顺序排列，排序依据可以是 T 恤估算法，也可以仅仅是团队的大致判断。

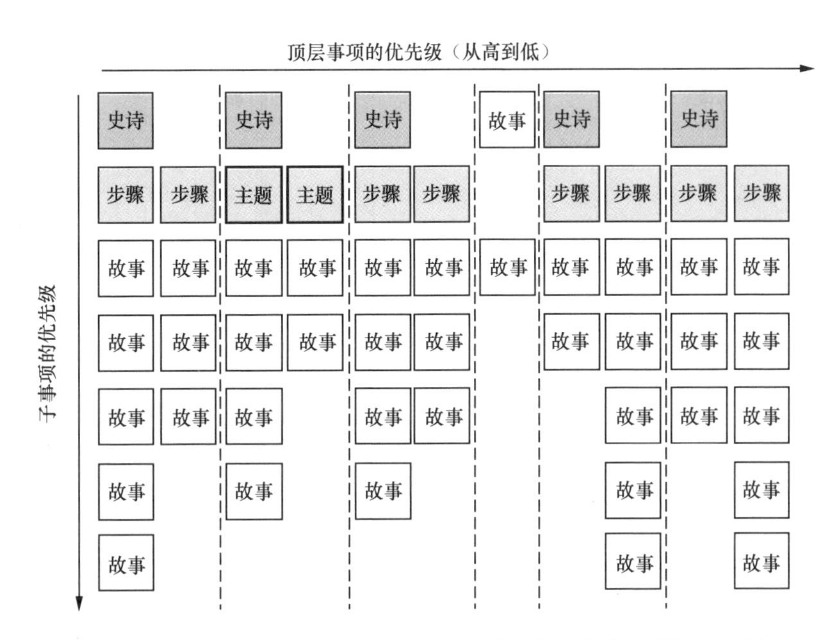

图 14-3　团队将每个步骤或主题进一步拆分成故事，并对地图按从左到右、从上到下的顺序排定优先级

在故事地图中，每列中在步骤或主题之下的故事卡也称为地图的肋骨（ribs）。在主干正下方，有一组最小的故事集能够实现一个连贯的功能，这组故事也称为地图的活动骨架（walking skeleton）。活动骨架尽管功能连贯，但通常还不足以成为一个 MVP，MVP 在活动骨架外往往还包含一些其他的故事。

这些术语在故事地图上的体现如图 14-4 所示。

团队还可以添加许多细粒度的功能，但它们不会被包含到活动骨架中。通过主干、活动骨架和 MVP 这样的划分，无疑为开发团队交付价值最高、完整连贯的功能提供了清晰的指引。

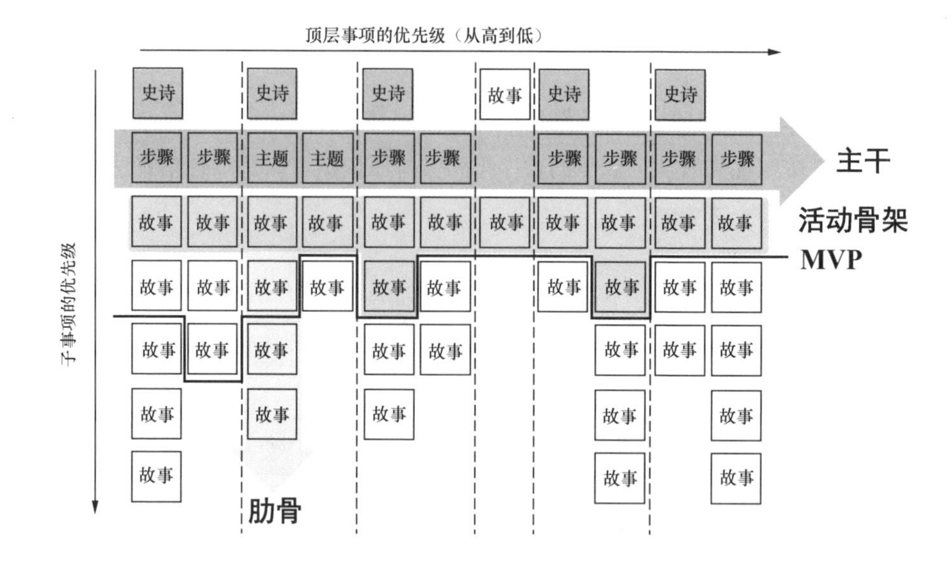

图 14-4 在主干正下方的水平功能切片构成了一个最小可发布的、功能完整的实现，我们称其为活动骨架。MVP 通常还包含活动骨架下方的一些功能

1. 故事地图与用户角色

故事地图有个同样有用的变种，就是在顶层不放置史诗，而是从用户角色开始：对用户角色进行同样的从左到右的优先级排序，再在每个用户角色下面拆分出史诗。

2. 故事地图的信息发射源作用

有成效的敏捷实践强调要将*工作可视化*——这不仅仅是让工作可以通过网页访问，还要使其变成工作环境可见的一部分。一张墙上的用户地图能持续提醒团队关于优先级、当前工作分配，以及未来工作流等事宜。敏捷团队将这种故事墙称为一面信息发射源。

研究表明，这种可视化墙对提升交付效能来说非常必要（Forsgren，2018）。

3. 故事地图体现了敏捷钟摆效应

故事地图是体现软件开发钟摆效应的一个绝佳例子：从最初完全的顺序开发，到早期的敏捷，现在钟摆又回到了一个*更好的敏捷*。早期敏捷开发会尽一切努力避免进行预先的需求工作，并将需求细化留到实现之前再进行，绝不提前开展细化工作。而故事地图这项与敏捷开发紧密联系的实践，却是一项预先进行需求管理和优先级排序的技术。但它与老的、顺序的、提前细化所有需求的做法不同。故事地图的实践有助于预先定义一次发布的大致范围，并持续为发布过程中的增量需求细化提供优先级排序和指引。

故事地图同时也是这样一绝佳的例子：它展示了顺序开发与敏捷开发是如何结合到一起，并为彼此提供双方最好的实践。故事地图为预先辨识需求、但仅在需求实现之前再进行细化提供了支持。它有助于避免一种常见的敏捷失败模式：虽然确实按优先级顺序交付了功能，却错失了整个全景图。在对故事墙从左到右、从上到下的走查过程中，通常会暴露更多考虑不周全的失误，如史诗里遗漏的步骤、对优先级的错误界定等。

14.4　其他考虑：需求的优先级

与需求获取一样，需求的优先级排序一直以来都是个令人棘手的问题。除了 T 恤估算法和故事地图，下面介绍的技术有时也能派上用场。

（1）记点投票（dot voting）。在记点投票中，每位利益相关者手里都有定额的票数——如，每个人有 10 票。利益相关者可以将他们的票数以任意方式投给不同的需求。可以 10 票全投给一个需求，可以为 10 个不同的需求各投 1 票，也可以给一个需求投 5 票，剩余 5 票投给 5 个别的需求——任何分配方式都是允许的。这项技术提供了一个快速确定多组需求优先级的方法。

（2）MoSCoW。MoSCoW 是必须有（must have）、应该有（should have）、可以有（could have）和不必有（won't have）取首字母得到的助记词。在对现有需求进行分类这方面，MoSCoW 是一个很高效的方法。

（3）MVE。MVE 是最小可行试验（minimum viable experiment）的首字母缩略词，它指的是一次能为团队提供有价值反馈的最小发布。MVE 能支持 Cynefin 框架里复杂域的探索工作，它最终上线的是一次足以探索产品前进方向的技术试验。

（4）MVP 的其他替代方案。有些团队发现，要做到最小可行产品里的最小很有挑战。如果你的团队也碰到这个问题，不妨考虑使用其他更确切的表述来替代最小，如最早可体验的产品、最早可用的产品、最早令人喜爱的产品等。

（5）加权最短工作优先。加权最短工作优先（weighted shortest job first，WSJF）技术通过优化工作的开展顺序以达到最大化交付价值的效果。我们将在第 22 章深入讨论这项技术。

给领导者的行动建议

检视

- 回顾团队的历任产品负责人。对这一至关重要的角色，他们是否富有成效？他们是否提升了团队的效率，抑或是链条中薄弱的一环？
- 团队正在使用的需求优先级排序技术是否支持基于投资回报率的优先级排序？
- 团队是否完全基于细粒度的、业务价值排序的方式实现功能，而没有结合全景图做任何考虑？

调整

- 如果产品负责人不胜其任，要么培训和发展他们，要么对其进行撤换。
- 与团队一起选用一种能对产品待办事项做优先级排序的技术，如 T 恤估算法或故事地图等。
- 与团队一起推动故事地图落地，以达到能交付连贯一致的功能的目标。

拓展资源

- Patton, Jeff. 2014. *User Story Mapping: Discover the Whole Story, Build the Right Product*. O'Reilly Media.

  杰夫·巴顿是故事地图领域公认的权威专家。

- McConnell, Steve. 2006. *Software Estimation: Demystifying the Black Art*. Microsoft Press.
  这本书 12.4 节对 T 恤估算法进行了更深入的讨论。

第 15 章　卓有成效的敏捷交付

交付指的是开发流程中除需求以外的所有活动的总和。因此，通过交付这副透镜，我们得以探讨卓有成效的敏捷开发的几个方面。

这一章除了交付，我们还会谈及部署。交付指的是采取所有必要的准备工作使软件进入可部署的状态，但没有触发真正的部署。部署指的是完成将软件发布到生产环境的最后一步。

使软件进入可交付状态的最后一个必要步骤是集成。敏捷开发的目标便是做到持续集成（continuous integration，CI）和持续交付 / 持续部署（continuous delivery/deployment，CD）。CI/CD 实践是 DevOps 的基石。

持续集成并非指持续而不间断地进行集成。持续集成指的是开发人员应该频繁地向“中央仓库”提交代码，通常是每天提交好几次。类似地，持续交付也并非指持续不断地交付，而是指频繁地、自动化地进行交付。

15.1　关键原则：自动化重复性工作

软件开发活动往往是从开放式的、创造性的、不确定性高的活动开始，如需求、设计工作等，逐渐过渡到封闭的、更加确定的活动上面来，如自动化测试、提交代码到主干、用户验收测试、非生产环境部署、生产环境部署等。人类更加擅长上游开放式的、需要思考的活动，而计算机更加擅长下游更有确定性的、重复的任务。

越接近交付和部署阶段的活动，越有自动化的必要，这样才能将它们交给计算机来完成。

对一些公司来说，理想的情况是能够做到完全自动化的部署。这就需要有一条完全自动化的部署流水线，需要将重复性的任务自动化。图 15-1 展示了潜在的可被自动化的工作。

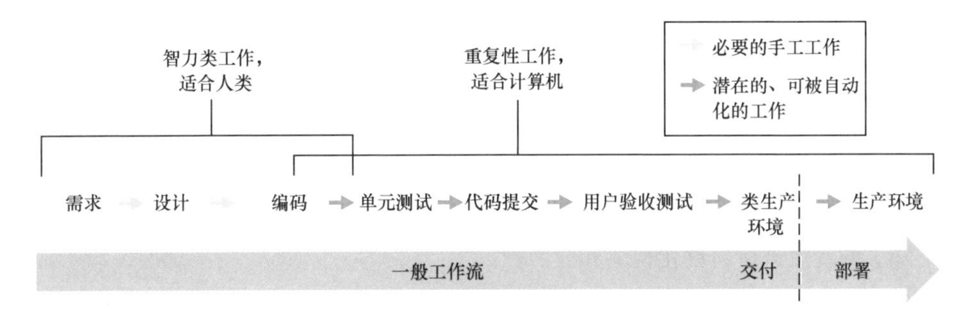

图 15-1　越接近部署阶段的软件工作越适合被自动化

部署频率的提升潜力本质上是没有上限的。在过去的几年，亚马逊能够做到每几秒钟部署一次，每小时能部署 1 000 次之多（Jenkins，2011 年的数据）。绝大多数组织的业务都没有如此频繁部署的需求，不过亚马逊的表现至少说明，提升部署频率一事是没有限制的。

正如图 15-1 展示的那样，获得自动化部署能力的关键在于将需求、设计和编码活动与交付、部署活动区分开，因为前者无法自动化，而后者能够被自动化。

将流水线后半阶段的工作自动化，能带来效率的提升以及部署速度的提高。同时，自动化对人也有好处。如果透过组织文化的自主、专精、目标角度来看待自动化带来的影响，你会发现自动化有利于增强工作者的积极性。自动化消除了不能给人带来成长的重复性工作，使人有更多的时间投入上游那些能带来成长的活动里。

15.2　支撑CI/CD的工作实践

有几项工作实践是支撑 CI/CD 所不可或缺的，其中某些实践已经在前面几章讨论过。

（1）自动化（几乎）所有工作。为了做到完全的CI/CD，整个开发环境都需要自动化。这包括对以下工件的版本管理：代码、系统配置、应用配置、构建以及配置脚本等。

（2）增加对自动化测试的重视。对每一次被提交的代码变更，自动化测试环境应当能对其运行多种不同类型的自动化测试，包括单元测试、API测试、集成测试、UI层测试、随机输入的测试、随机数据的测试、负载测试等。

使用CI/CD的一大好处，便是能够对不可接受（引入了错误，或是带来性能下降）的变更进行自动化检测和驳回。

（3）提升维护自动化部署工作的优先级。维护自动化部署流水线是需要成本的，为保持CI/CD正常运转，团队必须将保持系统处于可发布状态的优先级置于完成新工作之前（Humble，2015）。相反，若团队将完成新工作的优先级置于维护自动化部署流水线之前，则将招致长期的麻烦，导致日后的速度下降。

（4）纳入更多内容到完成定义中。完成定义在任何项目上都是一个重要的概念，而在CI/CD环境里，完成定义的具体验收标准也变得更加重要。

在CI/CD环境里，完成定义还必须包含有关单元测试、验收测试、回归测试、类生产环境部署，以及版本控制等验收标准。图15-2展示了一份适用于CI/CD环境的完成定义。

- ☐ 所有产品待办事项都必须达到验收标准 *
- ☐ 通过静态代码分析
- ☐ 运行单元测试没有错误
- ☐ 单元测试必须达到70%的行覆盖率
- ☐ 通过系统测试和集成测试
- ☐ 通过所有回归测试 *
- ☐ ……
- ☐ 必须在类生产环境（staging，也称预发布环境）上演示并通过 *
- ☐ 代码必须提交到版本控制的主干上，必须处于可发布状态或是已经发布 *

图15-2 一个适用于CI/CD环境的完成定义示例。
带“*”条目的标准表示其与普通项目的完成定义有所不同

（5）强调增量式的工作方式。为了达到最小化缺陷引入与缺陷检测差距这个目标，有几件事情必须做到：

- 频繁地提交和推送代码（至少每天一次，频繁一些更好）；
- 不要提交 / 推送有问题的代码；
- 如果部署流水线或自动化构建挂掉，马上修复；
- 随实现代码，编写自动化测试；
- 必须通过所有测试。

这些实践能有效地保证，每当团队添加了新特性或修改了已有功能时，软件能始终处于可发布状态。

（6）通过持续部署衡量整体部署活动的有效性。让人重复地做一些可以由计算机完成的工作是一种浪费。一段代码从变更到部署至产品环境所需的这段前置时间（lead time）是个很好的度量工具，可以间接地了解代码从编写到交付的全过程需要多少人力工作。

而通过度量部署所需的前置时间，则有助于发现很多方面的改进空间，如测试自动化程度，以及对构建、发布、部署流程的简化及自动化等。此外，通过度量还能促使团队在设计应用时更多考虑其可测试性及可部署性，促使团队更小批量地开发和部署功能。

亨布尔（Humble）、莫莱斯基（Molesky）及奥赖利（O' Reilly）在他们的书中强调，“如果什么事情让你感觉痛苦，你就要更频繁地去做它，让痛苦感提前”（Humble，2015）。换句话讲就是，如果一件事做起来感觉痛苦，那就将它自动化起来，这样痛苦感就会消失。对软件流程下游那些适合做自动化的活动来说，这句忠告十分有益。

15.3　采用CI/CD的好处

CI/CD 除了能带来一些显著的好处，还能带来一些没那么明显的好处。显著的方面包括能够更快、更频繁地将新功能交付到用户手中。而那些不那么明显的好处可能更加重要。

（1）团队能更快地学习。因为团队能更快地经历一次“开发—测试—发布—部署”循环，因此能更频繁地从中得到学习的机会。

（2）缺陷能在引入的当下被很快发现，因此修复的成本降低了。正如第11章讲的那样。

（3）团队成员的压力更小了。因为发布变得非常简单，只需要点击一下按钮即可，再也不用害怕因为人为的错误而导致发布失败了。

（4）随着部署变得更加规律、更加稳定，发布过程甚至可以在正常的工作时间内完成。如果部署发生了错误，整个团队都能帮助解决，而不是只有那个轮值（且疲惫）的同事独自承担。

即使你处理的是一个关键业务系统的软件，对外发布的频率并不高，但强调每天发布多次也仍有好处。通过更频繁的发布，即使只是内部发布，也能使团队持续地关心软件质量。频繁发布能加速团队的学习，因为每次发布失败都会给团队一次学习的机会，理解发布失败的原因，并改善该领域存在的短板。

（5）CI/CD 能提升团队成员的动力。因为它使得团队可以投入更多的时间，去做那些能带来更多成长机会的任务。

15.4 其他考虑：持续交付

CI/CD 一词在软件行业里已经十分普及，这似乎暗示着持续集成和持续交付已经成为寻常企业例行工作的一部分。然而，我们却看到许多企业其实缺少 CI/CD 中 CD 部分的实践。DZone 有研究表明，虽然有 50% 的受访企业认为自己已经做到了持续交付，但其中只有 18% 的企业所做的实践符合真正持续交付的定义（DZone Research，2015）。

持续集成是持续交付的先决条件，因此我们认为，第一步先把持续集成做对是合理的。尽管最近像奈飞、亚马逊这样每天部署几百次的环境得到很多关注，但那些每周部署一次，每月、每季度甚至更久才部署一次的环境也为数不少，并且在可预见的将来也仍是行业的常态。你可能工作在一些不允许频繁发布的环境上，如嵌入式系统、软硬件结合的产品，或是受监管行业、企业级领域，或是遗留系统，等等。尽管如此，你还是可以践行持续集成中的某些纪律并从中受益，如自动化一些集成过程中的重复性工作。同样地，即使没有持续部署的需求，你也可以践行一些持续交付相关的纪律并从中获益。

敏捷边界的概念在这方面也能派上用场，你可以有充分的理由画一条敏捷边界，这条边界内包含了持续集成，但不包含持续交付。

敏捷边界不仅对内部的开发组织有用，对外部的客户同样适用。我们服务过一些组织，他们本可以更加频繁地向外部发布软件，却没有选择这么做——因为他们的客户不希望他们发布得太频繁。客户处在团队的敏捷边界之外，但团队仍然坚持在内部做频繁的交付和发布，因为这样可以获得本章描述的那些持续交付所能带来的好处。

给领导者的行动建议

检视

- 了解项目的交付 / 部署流水线做到了多大程度的自动化。
- 与团队进行访谈，搞清楚他们花费了多少精力在重复的、本可以被自动化的交付 / 部署活动上。
- 列出一份当前交付 / 部署流程中仍在手工进行的活动清单。在通往一键交付的路上，哪些活动正成为团队的阻碍？
- 调研、了解团队所规划的并行工作之间，是否能够进行频繁的集成。
- 考虑度量团队从代码变更到软件部署之间所需要的前置时间。

调整

- 鼓励员工更频繁地集成手头的工作，至少每天集成一次。
- 制定一份支持自动化交付及自动化部署的完成定义。
- 为团队制订一份计划，尽量多地自动化构建和部署环境中的重复性工作。
- 与员工沟通，向他们解释“保证交付 / 部署流水线的正常运转”拥有比

“构建更多功能”更高的优先级。

- 设定一个可量化的目标，以减少从代码变更到部署上线的前置时间。

拓展资源

- Forsgren, Nicole, et al. 2018. *Accelerate: Building and Scaling High Performing Technology Organizations*. IT Revolution.

  这本书给出了一个很有说服力的案例，描述了部署流水线如何能成为一个高效而健康的交付型组织的中心焦点。

- Nygard, Michael T. 2018. *Release It! Design and Deploy Production-Ready Software, 2nd Ed*. Pragmatic Bookshelf.

  这本书覆盖了在获得更快、更稳定部署的道路上会遇到的一系列架构、设计以及部署方面的问题。

第四部分

卓有成效的组织

本书这一部分探讨最好在组织层面进行处理的敏捷开发的关注点——有些情况下只能在较高层级进行处理。

第 16 章　卓有成效的敏捷领导力

敏捷爱好者通常认为敏捷实施依赖于服务型领导者。我相信这是真的，但我认为它太含糊而对敏捷实施不是特别有用。我们需要更清晰的指导。无论你决定全面实施敏捷还是小范围实施敏捷，领导力都是敏捷实施成败的关键，所以本章充满了各种关键原则。

16.1　关键原则：管理结果，而不是管理细节

企业的生死存亡取决于企业做出的承诺及其坚守的承诺。同样的，高效的敏捷实施取决于敏捷与团队以及敏捷与领导者彼此之间的承诺。

敏捷团队（尤其是 Scrum 团队）向领导者承诺他们将在每个 sprint 结束时交付 sprint 目标。在完全遵循规范的 Scrum 实施中，承诺被视为绝对的——团队将尽心竭力地工作来达成 sprint 目标。

相应地，领导者向 Scrum 团队承诺他们会尊重 sprint 的安排。领导者不会在 sprint 中途变更需求或打扰团队。在传统的顺序项目中，这不是一个合理的期望，因为项目周期太长，情况势必会变化。在 Scrum 项目中，这是完全合理的，因为 sprint 通常仅仅需要 1 ～ 3 周时间。如果企业在这段时间都不能保持专注而不改变想法，那么该企业所面临的问题可比 Scrum 实施能否成功这种事要大得多。

将团队和 sprint 视为黑盒以及只管理 sprint 的输入和输出的想法有令人满意的附加作用，它有助于业务领导者避免微管理并且鼓励更多的领导姿态。业务领导者需要给团队指方向、解释工作的目标、详细说明不同目标之间的优先级，而后让团队自由发挥，获得令其惊喜的结果。

16.2 关键原则：用指挥官意图明确表达目标

自主和目标是相关联的，因为团队不理解它的工作目标就不可能拥有有意义、健康的自主权。一个自管理的团队需要在内部进行大量决策。它拥有跨职能的技能以及这样做的权力。然而，如果团队对工作的目的没有清晰的理解，它的决策会误入歧途。图 16-1 描述了基于团队的自主权和目标的清晰度（目的），团队可能获得的不同的结果。

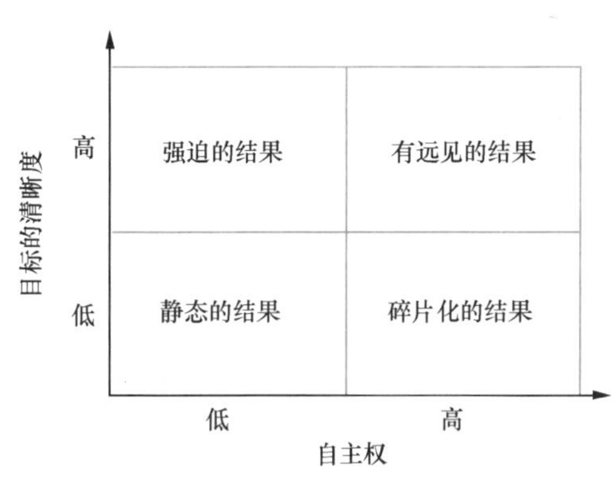

图 16-1 自主权与目标的清晰度

指挥官意图是美国军方使用的一个概念，它包含了对预期最终状态的公开声明、战役的目标，以及要完成的关键任务。指挥官意图特别适用于以下情况：事件没有按原计划展开，沟通中断，而团队需要在无法与更高级指挥链进行协商的情况下进行决策。

你在软件场景中的目标与之类似。与企业领导沟通可能不会被强行中断，但企业领导经常在很长一段时间难于接触[1]，此时事情没有按原计划展开，而团队仍需要进行决策。在这些情况下，团队得益于拥有能获得方向的“指路灯”、“北极星”或“指挥官意图”。

一个好的指挥官意图包含如下内容。

- 阐明项目或行动的原因与动机。
- 生动形象化地可视化理想中的最终状态。它应该让团队成员了解成功是什么样子以及他们在实现成功中所起的作用。

想要变敏捷的组织需要培养清晰描述目标的能力。其管理者应该注重通过目标进行引导，而不是通过关注细节进行管理。

> “不要告诉人们该怎么做。告诉他们该做什么，他们会用结果使你惊喜。”
>
> ——乔治·史密斯·巴顿（Geoge S.Patton）

1 我曾经共事的一位软件高管，他每 6 个月与老板会见 30 分钟。

高效的敏捷领导者通过传达明确的优先级来支持他们的团队。我们看到许多企业将所有事情都指定为最高优先级并把困难留给团队去解决，还有些企业会过于频繁地调整优先级，或是将优先级定得太细，或是完全不进行优先级排序。这些错误极其常见，带来了非常低效的结果。

拒绝排优先级是领导力薄弱的表现。这相当于放弃了制定决策的责任。如果关心会完成什么，就必须确定优先级并将其明确传达给团队。

频繁地重设优先级一样有害。优先级的频繁变更不但损害团队的自主性还损害团队的使命感。

指挥官意图是个很好的视角，通过它可以看到合适的优先级。领导者应该定义成功的标准——目标、结果、影响和收益，但不要定义细节。

在确定优先级这个领域，有效的敏捷实施可能会凸显企业的问题，并为领导者带来危机感。我们偶尔会看到领导者终止敏捷实施，因为频繁的交付（或无法做到频繁的交付）暴露了领导者在为团队提供清晰的优先级一事上的能力缺失。

这一点的重要性再怎么强调都不为过。如果没有有效地确定团队工作的优先级，你就没有在领导。你的项目所取得的结果将远远达不到他们能够取得的结果，也远远达不到你的团队应得的结果。暴露企业在优先级排序上的薄弱环节会带来不适感，但任何希望变得卓有成效的企业都无法回避这一点，相反，企业需要将这种不适感当作改进的动力。

16.3 关键原则：关注吞吐量，而不是关注活动

糟糕的领导者往往更关注进展的感觉而不是真实的进展。但并非所有的运动都是进展，而且忙碌常常是糟糕结果的代表。

高效企业的目标应该是最大化吞吐量（工作完成的速度），而不是工作开始的快慢或活动的多少。组织领导者必须承认，一定程度的宽松是最大化吞吐量的必要条件（DeMarco，2002）。

Scrum 将责任放在团队层面而不是个人身上的原因是，它允许团队决定如何

做以最大化生产力。如果一名成员在外边坐一天生产力最高，团队可以自行决定让他到外边坐一天。

允许个人拥有空闲时间是一种违反直觉的最大化吞吐量的方法，但到头来，对组织而言最重要的是每个团队的总产出，而不是每个人的产出。如果团队有效地优化了团队生产力，组织不应该关心个人层面发生了什么。

16.4 关键原则：在关键敏捷行为上以身作则

高效的领导者也会展现出他们想从员工身上看到的那些行为。这些行为包括：

- 培养成长思维——致力于在个人和组织层面持续改进；
- 检视和调整——持续反思，从经验中学习，并应用所学到的东西；
- 正向看待错误——接受每个错误并将其作为学习机会，将这种处置方法作为榜样；
- 修复系统，而不是处理个人——当发生问题时，将其作为系统缺陷检测的机会，而不是责备人；
- 承诺高质量——用你的行动传达对高质量的明确承诺；
- 培养以业务为中心——展示你的决策如何包含业务上的考虑和技术上的考虑；
- 加强反馈循环——积极回应团队（即使他们不需要，因为你已经清晰表达了指挥官意图）。

给领导者的行动建议

检视

- 你是否将你的敏捷团队视为黑盒，管理团队在达成其承诺的过程表现，而不是管理细节？
- 你是否清晰地表达过指挥官意图？你的团队是否能够生动地表述他们当前工作的成功定义？如果需要，他们是否能够在没有你介入的情况下工作几天？

- 你是否为团队设置了清晰、现实的优先级并传达给他们？
- 你是否专注于团队的吞吐量，而不是他们表面上忙碌与否？

调整

- 要求你的团队根据上述的“检视”标准对你的管理绩效做一个360度评审。欢迎团队的反馈，并以身作则体现出你也在从错误中学习。
- 基于你自我评估的结果和你团队的输入，制定一个个人领导力自我改善行动的优先级列表。

拓展资源

- U.S. Marine Corps Staff. 1989. *Warfighting.* Currency Doubleday.
  这本书描述了美国海军陆战队计划和行动的方法。我在描述中发现了许多与软件项目相似的地方。
- Reinertsen, Donald G. 2009. *The Principles of Product Development Flow: Second Generation Lean Product Development.* Celeritas Publishing.
  这本书包含吞吐量或“流动”的延伸讨论。雷纳森给出了一个令人信服的观点，不关注产品开发的流动正如他所说的“错到骨子里了”。
- DeMarco, Tom. 2002. *Slack: Getting Past Burnout, Busywork, and the Myth of Total Efficiency.* Broadway Books.
  德马科论证了不让员工满负荷工作的理由。
- Storlie, Chad. 2010. Manage Uncertainty with Commander's Intent. *Harvard Business Review.*
  这篇文章对指挥官意图的描述比我在本章给出的略为详细。
- Maxwell, John C. 2007. *The 21 Irrefutable Laws of Leadership.* Thomas Nelson.
  马克斯韦尔的书与我从软件组织领导者身上看到的有时过度分析的领导方式是一个很好的对比。他给出了一些重要建议，如，“先用心，再用脑”和“人们不关心你知道多少，直到他们知道你有多在乎”。

第 17 章　卓有成效的敏捷组织文化

大多数敏捷实践是基于团队的实践，它们为团队效能、学习和改进提供支持。领导者也有机会将团队层面的实践扩展到组织层面的工作。本章讨论如何在组织层面支持高效敏捷实践。

17.1　关键原则：正向看待错误

正如我前面提到的，敏捷开发依赖于对检视和调整的使用，这是一个学习循环，它依赖于犯些预期的探索性错误，并从中学习和改进。所谓预期的探索性错误，指的是你在对结果没有十足把握的情况下仍然做出决策，且不论最终结果如何，都留心从结果中学习。

就 Cynefin 框架而言，繁杂项目仅需要从少量预期的探索性错误中学习，而复杂项目则依赖于从大量预期的探索性错误中学习。因此，公司正向看待团队的错误至关重要，这样错误才能暴露出来并得到调查修正，最终有利于企业的发展。反之，错误若被瞒而不报、引以为耻，则最终会损害企业长期的发展。

如同耶斯 • 亨布尔（Jez Humble）所说，“在一个复杂适应系统中，失败是不可避免的。当事故发生时，不责难的事后分析从最初就要被纳入与人相关的错误中”（Humble，2018）。一些像 Esty 这样的组织会宣传和庆祝犯错——庆祝的关注点基于这个理念，“我们很高兴自己犯了这个错误，否则我们可能永远都不会增进对某些事情的理解”。

17.1.1 尽早试错

复杂项目不仅仅依赖于从错误中学习，还需要尽早开始试错。创造一种必要时毫不犹豫地犯错的组织文化是很重要的。如图 17-1 所示，这可不是犯粗心大意错误的护身符。但在决策结果事先无法事先确定的情况下，建立一种先做决策并从经验中学习的文化是有益的。

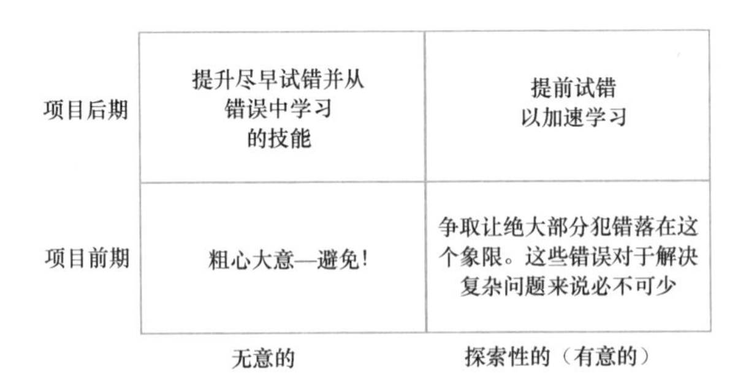

图 17-1 错误的类型——对需要正向看待的错误的分类

17.1.2 在修复黄金期内改正错误

问题有修复黄金期，在黄金期内修复问题的痛苦感不强。一旦过了修复黄金期，修复问题的痛苦感就会增加。在内部发布的阶段发现问题并改正错误的成本非常低廉，而在软件已经发布到客户手中再发现错误，修正的成本就要高得多。问题发现得越早，能在黄金期内被修复的机会就越大。好消息传播得很快，坏消息需要传播得更快。

17.1.3 鼓励错误信息向上传播

一个真正能够正向看待错误的企业同时也需要鼓励错误信息向上传播。错误的信息应该自由地传播到改正错误所需的级别。我 20 世纪 90 年代早期在微软时，微软在这方面做得很好。一天下午，我的老板走进我的办公室对我说："我需要找人说说这事。我刚刚参加了比尔·盖茨的评审会议，结果被批了。我把一个问题拖延了 2 周，比尔指出他只要打 5 分钟的电话就能解决这个问题。他责骂我没有向上委托给他。我感觉很糟，因为我应该被骂。我知道我应该把问题委托给他，但我没有。”

17.2 心理安全

正向对待问题很重要。原因有很多，其中一条就是因为它有助于团队的心理安全感。谷歌人力资源部开展的一个为期 2 年的研究项目发现，在谷歌，有 5 个因素会影响团队的效能，如图 17-2 所示。

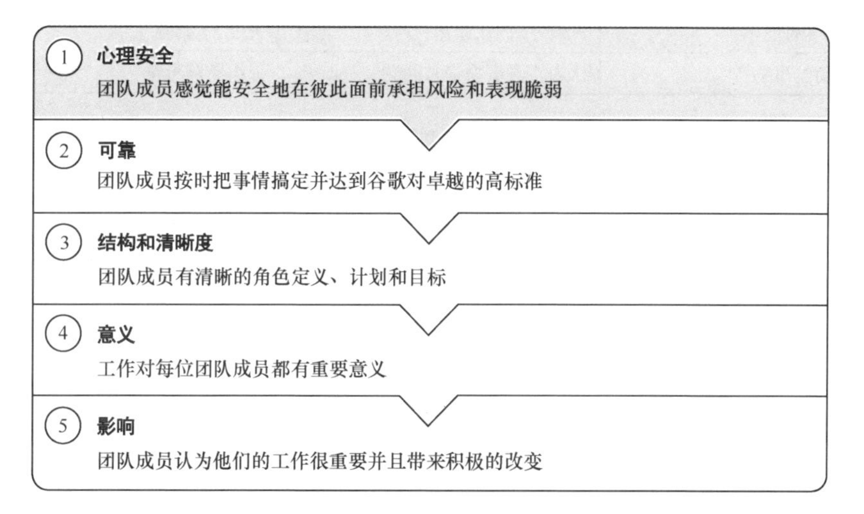

图 17-2 在谷歌，心理安全是打造成功团队最重要的因素

谷歌研究表明，到目前为止，对团队效能最重要的影响因素是心理安全，谷歌将心理安全定义为：我们能否在团队中冒风险而不会感到不安或尴尬？谷歌将心理安全描述为其他 4 个因素的基础。他们发现：

“团队中心理安全感较高的个体会更倾向于留在谷歌，他们更有可能利用队友的各式想法的力量，他们能为公司带来更多收入，他们加倍频繁地被高管们评定为高效能员工。”（Rozovsky，2015）

谷歌的研究与罗恩·韦斯特鲁姆（Ron Westrum）早前的研究（Westrum，2005）（Schuh，2001）是一致的。韦斯特鲁姆提出了组织文化的“三种文化模型”：病态型（pathological）、官僚型（bureaucratic）和生机型（generative）。表 17-1 展示了这些文化的属性。

表 17-1 韦斯特鲁姆的三种文化模型中不同文化的属性

病态型	官僚型	生机型
权力导向	规则导向	绩效导向
缺少合作	适度合作	高度合作
信使被消灭	信使被忽视	信使受到训练
推卸责任	责任范围窄	风险共担
阻拦跨部门沟通	容忍跨部门沟通	鼓励跨部门沟通
失败 → 替罪羊	失败 → 责任评判	失败 → 调查
压制新鲜事物	认为新鲜事物带来问题	采纳新鲜事物

韦斯特鲁姆发现生机型文化比病态型和官僚型文化更有效——他们的表现超出预期，展示了更高的灵活性（敏捷），并显示出更好的安全感。

病态型组织的特点是压制坏消息。生机型组织会在内部发布坏消息。生机型组织视错误为机会，通过事后复盘的方式做出改进。韦斯特鲁姆提出的文化模型进一步强调了正向看待错误的重要性。

17.3 关键原则：以量化的团队产能为依据制订计划

高效的企业认为，在软件开发工作方面，每个团队乃至企业本身都有其相对固定的产能。这个产能取决于个人生产力、团队生产力、人员的增减，以及生产力可衡量的逐步提升等因素。

高效的企业会度量其自身的产能，并依据该量化的、过去的历史表现——通常是用每个团队的速度——来制订计划。与此相反，企业有一种更本能的做法，那就是基于团队能突然大幅增加产能的期望来制订计划（也就是说，这里要有奇迹）。

相比基于本能的方法，那些对技术工作的产能做自我评估的方法在项目组合的计划、设置项目最后期限方面能提供额外的帮助。如果企业对自身的产能了如指掌，它就能合理地分配工作，设定团队能够达到的最后期限；但如果企业对其产能不甚了解，或者期待团队产能能够突然暴增并以此来制订计划，那么团队往往会超负荷工作，团队和企业本身也会陷入失败的境地中。

对企业产能的过度估计以及随之而来的项目压力会带来一些意想不到、最终具有破坏性的后果。

- 团队无法达成承诺（sprint 目标），这意味着企业也无法达成它的承诺。
- 因为团队无法达成承诺，团队成员对其工作没有专精的感觉，他们的积极性会受到损害。
- 团队过度负荷会妨害成长思维，这削弱了团队和组织长远的改进能力。
- 过度负荷也造成团队精疲力竭、人员流动率更高，以及产能降低。

正如我在 20 多年前编写《快速软件开发》中所写的那样，领导者给团队施加压力，期望压力会产生业务紧迫感并促使团队进行合理的优先级排序。实际上，试图灌输业务紧迫性往往使团队陷入全面的、适得其反的恐慌——即使领导者认为自己只施加了很小的压力（McConnell，1996）。

今天的敏捷开发为确定团队层面和组织层面的工作优先级提供了有用的工具。你应该善用这些工具，而不是一味施加压力。

17.4 建立实践者社群

与我们合作过的一些企业发现，建立实践者社群来支持敏捷中的各类人员角色能够加速提升他们在各自工作中的表现。由对其所从事的工作有共同兴趣并且想做得更好的人组成，每个社群自行决定最适合其成员的沟通方式。例如，会议既可以是面对面的实时会议，也可以在线举行。

实践者社群讨论的重点可以是下面任何一个或者全部：

- 常规的知识分享，指导初级成员；
- 讨论常见问题的场景和解决方案；
- 分享工具方面的经验；
- 分享来自回顾的经验教训（并邀请反馈）；

- 识别企业中表现不如人意的领域；
- 识别组织中的最佳实践；
- 分享挫折，发泄，并相互支持。

你可以为 Scrum Master、产品负责人、架构师、QA 人员、SAFe 计划顾问（SPC）、敏捷教练、DevOps 人员以及其他专家角色组建各自的实践者社群。参与者通常是自愿的和自我选择的，因此只有感兴趣的人参加。

17.5 公司在支持卓有成效的敏捷中扮演的角色

支持成功团队的一些要素在团队的掌控之下，更多的则控制在组织层面。

如果公司削弱了敏捷团队的努力，那么敏捷团队就不可能成功。公司打击团队的做法有很多，如责备团队犯错、不支持团队拥有自主性、不充分与团队沟通其目标，以及不允许团队持续成长等。当然，这并不是敏捷团队独有的苦恼，常规的非敏捷团队也常常面临类似问题。

如果公司通过建立整个组织内不责怪的文化、为团队配备所需的全部技能、给团队安排合适的工作量、定期向团队传达其目的以及支持团队持续成长等来支撑团队，团队可能会更成功。

取决于你在敏捷旅程中的位置，你组织中的其他领导者可能需要与你一起经历这个旅程。如果回顾第 2 章绘制的敏捷边界，你可以找出其他领导者并为如何与他们合作制订计划。

给领导者的行动建议

检视

- 回顾过去几周或几个月里你对团队犯错的反应。你的团队会不会将你的反应解读为正向看待错误并强调重在从错误中学习？你是否以身作则从错误中学习？

- 访谈你的团队成员，评估他们的心理安全等级。他们承担风险时是否感到安心或自在？
- 分析你的公司与韦斯特鲁姆模型中生机型文化之间的差距。
- 检视你的公司为团队分配工作负载的方法。你是否根据观察到的团队历史产能力来设定期望？

调整

- 暗下决心，对团队与你沟通中犯下的错误宽容相待。
- 向团队传达，你期望他们以可持续的步调工作，以便能够学习和成长。询问团队，进度期望是否允许他们以可持续的步调学习和成长。
- 制订一个计划来消除你在韦斯特鲁姆的三个模型的差距分析中所识别的差距。
- 制订一个计划，让组织中的其他领导者和你一起踏上敏捷之旅。

拓展资源

- Rozovsky, Julia. 2015. The five keys to a successful Google team. [Online] November 17, 2015. [Cited: November 25, 2018.]

  这篇文章描述了谷歌在建设组织文化方面所做的工作。
- Westrum, Ron. 2005. A Typology of Organisational Cultures. January 2005, pp. 22-27.

  这是韦斯特鲁姆关于他的 3 种文化模型的权威论文。
- Forsgren, Nicole, et al. 2018. *Accelerate: Building and Scaling High Performing Technology Organizations*. IT Revolution.

  这本书探讨了韦斯特鲁姆的组织文化模型在 IT 公司中的应用。
- Curtis, Bill, et al. 2009. *People Capability Maturity Model (P-CMM) Version 2.0, 2nd Ed.* Software Engineering Institute.

  这本书描述了在技术组织中提高人力资源实践成熟度的方法。该方法合乎逻辑，价值也显而易见。这本书可能难于阅读。我建议从图 3-1 开始以了解上下文。

第 18 章　卓有成效的敏捷度量

低效的敏捷实施有时将度量视为敌人。卓有成效的敏捷实施则应用度量，将定量数据纳入过程变更决策中，而不是仅仅基于主观意见进行决策。

从本章开始，我们用 3 章的篇幅来讨论敏捷开发中的定量研究方法。本章描述了如何建立一条有意义的度量基线。第 19 章探讨了如何使用度量来改进过程和提高生产力。第 20 章讨论了估算。

18.1　度量工作量

度量从测量做了多少工作开始。在敏捷项目中，这意味着以故事点来度量工作项的规模。故事点是对工作项的规模和复杂性的度量。敏捷团队主要使用故事点来进行估算、规划和追踪工作。故事点对度量过程改进和生产力改进也很有用。

敏捷团队最常使用斐波那契数列 1 ～ 13（1,2,3,5,8,13）作为度量故事点的尺度。团队会为每项工作估算故事点数代表其规模，将所有工作项的规模加总就得到所有工作以故事点为单位的总规模。

像 4 和 6 这样不是斐波那契数列的值是不会被用作故事点的。这有助于避免团队在甚至不确定故事是 3、5 还是 8 的尺度时，陷入该故事应该是 5 还是 6 这种虚假精确的争论中。

在理想情况下，应该有一个如何度量和分配每个故事点的通用标准。但在实际工作中，每个团队都会为各自的故事点大小定义自己的尺度。使用了这个尺度一段时间后，团队会对 1 有多大、5 有多大等达成一致。在故事点的尺度稳定前，多数团队都需要有实际估算故事点的经验。

故事点一经指定，团队就不能根据实际进展情况改变故事点的估算。如果一个故事最初估算的故事点是 5，但完成时团队感觉它其实有 8 个故事点，原始估算也仍然是 5，不能改变。

18.1.1　速度

一旦通过故事点确定了工作规模，下一步是计算工作完成的速度。

在敏捷团队中，每个 sprint 的故事点构成了团队的速度。一个团队在一个 sprint 中完成了 42 个故事点，团队该 sprint 的速度是 42。一个团队在一个 sprint 中完成了 42 个故事点，接下来的 sprint 完成了 54 个，接下来 51 个，之后的 sprint 完成了 53 个，团队平均速度是 50。

单个 sprint 的速度会波动，通常不能说明什么问题。平均速度随时间的变化趋势更能说明问题。一旦团队建立起大家认为能准确代表工作完成速度的基线，团队就能开始试验过程改进并观察这些改进对速度的影响。第 19 章会更详细讨论怎么做。

一些团队还追踪范围速度，这是工作添加到正在进行中的项目的速度。

18.1.2　小故事

有些团队会使用额外的故事点，如 21、40 和 100（整数）或 21、34、55、89（斐波那契数），来表示主题、史诗和较大的待办事项。但使用这些点数的本意并不是为了支持度量。

为了支持有意义的度量，应该对故事进行拆解，以便它们适合 1 ～ 13 的尺度，而且团队应该注意按比例应用故事点。一个估算了 5 个故事点的故事规模和复杂度应该大约是估算了 3 个故事点的故事规模和复杂度的 5/3。这让团队能够执行有意义的数值操作，如故事点加总等。

像 21、40 和 100 这样的点数不应该参与到故事点加总中。它们更多是用来表达对体量的感觉，而不应被理解为精确的数字。对于度量工作来说不应该包含这些故事点。

18.1.3 短迭代

速度是以每个 sprint 为基础进行计算的，因此 sprint 越短，就能越频繁地更新团队的速度。顺序开发的整个生命周期迭代可能花费几个季度或几年，因此需要几个季度或几年来完全校准团队的生产力。与顺序开发对比，短迭代能够仅仅在几个月内校准团队的速度。

18.1.4 比较团队的速度

每个团队会根据自己从事工作的具体类型创建属于自己的故事点尺度。领导者自然想要对比团队的能力，但不同团队的工作有太多差异，以至于跨团队比较往往意义不大。团队由于下述情况而不同：

- 不同类型的工作（新领域与遗留系统、前端与后端、科学系统与业务系统等）；
- 不同技术栈，或同样技术栈的不同部分；
- 不同的利益相关者，他们对项目的支持力度不一；
- 不同的团队成员数量，以及团队在不同时间点增员或减员的情况不同；
- 不同的生产支持责任；
- 由于培训、假期安排、发布安排、不同地方的节日安排，以及其他因素所造成的对平常速度的不同例外情况。

即使所有团队都用故事点进行度量，将一个团队的速度与另一个团队比较也是没有意义的。这就好比一个团队在打棒球，另一个团队在踢足球，还有一个团队在打篮球。或者一个团队在打 NBA，而另一个在打夏季联赛。比较不同团队的跑动、目标和得分是没有意义的。

根据那些试图通过速度来比较团队能力的领导者的说法，这种努力是有害的，它使团队相互竞争。团队意识到这些比较基于不可靠的数据，所以他们认为比较是不公平的。结果是团队的士气和生产力双双下降——这与最初对比团队速度期望达到的目标恰好相反。

18.2　度量工作质量

除了工作量，工作质量也可以且应该被度量。这可以确保团队不会只关注工作量而忽略了质量。

返工占比（R%）是返工的工作量占新开发工作量的百分比。如同之前 11 章提到的，通过返工可以间接了解软件项目中的低效和浪费。R% 高可能表明团队在实现故事前没有花足够的时间细化它们，没有足够严格的完成定义，没有遵守完成定义，没有充分测试，让技术债得以累积，或其他问题。

在顺序项目中，返工往往在项目结束时累积，因此非常明显。在敏捷团队中，返工往往是逐渐完成的，因此不那么引人注意。但它仍然存在，因此监控敏捷团队的 R% 是有用的。

使用故事点为度量返工提供了基础。故事可以被分为新工作或返工。R% 的计算方法是返工的故事点数量除以总的故事点数量。而后，团队能够监控 R% 随时间是升高还是降低。

团队常常需要对什么算作返工进行校准。对处理遗留系统的团队，之前团队造成的返工问题应该算作新工作。如果一个团队在修复自己之前造成的问题，这个工作应该算作返工。

度量 R% 的替代方法是设定一个返工不分配故事点的策略。虽然无法计算返工率，但如果团队在返工上花了很多时间，就会看到速度降低，因为花在返工上的时间没有增加团队的故事点统计。

无论哪种方法，其目的都是用质量为导向的度量来平衡数量为导向的速度度量。

18.3　度量的一般注意事项

当使用敏捷特有的度量时，敏捷团队的领导者应该谨记成功软件度量的一些常见的关键点。

18.3.1 设定度量的期望

让“为什么度量”及“打算如何使用度量”保持公开透明。软件团队担心度量可能会被不公平或不正确地使用，许多公司的历史记录让这一点成为了合理的担忧。要表明这些度量是为了支持每个团队自我改进——这有助于度量的实施。

18.3.2 度量什么，就（只会）做什么

如果你只度量一件事，人们很自然就会优化那件事，而你可能经历意想不到的后果。如果你只度量速度，团队为了提高速度可能会减少回顾、跳过每日Scrum、放松完成定义以及增加技术债。

确保为团队优化引入一套平衡的度量，包括度量质量和客户满意，以便团队不会以牺牲其他同样或更重要的目标为代价来优化速度。

相似地，重要的是度量重要的东西，而不只是容易度量的东西。如果你能让一个团队交付一半故事点却得到两倍的业务价值，这会是一个容易的选择，难道不是吗？所以，确保度量故事点不会无意中削弱团队对交付业务价值的关注。

18.4 其他考虑：谨慎使用来自工具的数据

组织在工具上进行投入，技术人员录入缺陷数据、时间统计数据和故事点数据。组织自然会相信这些工具收集的数据是有效的。情况通常并非如此。

我们曾经合作过的一家企业，他们确信自己拥有准确的时间统计数据，因为多年来他们一直要求员工录入自己的工作时间。当审查这些数据时，我们发现许多异常情况。两个项目本应拥有相似的工作量，但为它们输入的小时数相差了数百倍。我们发现员工并不理解为什么要收集这些数据，认为这是官僚作风。一个员工编写了一个脚本来输入时间统计数据，这个脚本被广泛使用——没有经过修改，结果所有人都输入相同的数据！其他员工输入的根本不是时间统计数据。这样的数据毫无意义。

给领导者的行动建议

检视

- 了解团队对度量的态度。团队是否明白度量支持他们做出最终会提高他们工作生活质量的改变?
- 了解团队的故事规模和迭代长度。为了支持更准确的生产力度量,故事规模是否足够小,迭代是否足够短?
- 你使用什么来度量质量?他们是否充分平衡了你正在做的数量导向的度量?换言之,你的度量集合是否涵盖了对业务至关重要的所有东西?
- 审查你的组织正在使用的从工具收集来的数据。这些数据代表的意义是否与你设想的一样?

调整

- 向团队传达度量的目的是支持他们的工作。
- 鼓励团队开始使用故事点和速度,如果他们还没使用的话。
- 鼓励团队开始使用质量导向的度量,如 R%,如果他们还没使用的话。
- 停止使用没有意义或有误导性的度量,包括来自工具的无效数据以及无效的跨团队比较。
- 如果需要,让公司上下了解、比较不同团队速度的危害。

拓展资源

- Belbute, John. 2019. *Continuous Improvement in the Age of Agile Development: Executing and Measuring to get the most from our software investments.*
  这本实用的图书详细讨论了软件团队度量和过程改进方面的问题(主要是质量问题)。

第 19 章　卓有成效的敏捷过程改进

你如何用几个词来概括高效能敏捷的过程方法？我的答案是，修复系统，而不是处理个人。我之前说过正向看待错误，这很重要。但正向看待错误并不意味着忽视错误，而是意味着以开放、尊重、协作的方式聚在一起，理解导致错误的因素并做出改变，以便不再发生这样的错误。

一个常见的错误敏捷实施是尽可能快地工作——而这阻止了真正变得更好。卓有成效的敏捷实施专注于通过做得更好来跑得更快。

19.1　Scrum 作为过程改进的基线

如果回到软件能力成熟度模型（SW-CMM）时代，第 2 级是可重复的过程。这建立了一个基线，它支持 SW-CMM 更高级别中的度量改进。完全遵循规范的 Scrum 实施实现了相同的目的。Scrum 团队有一个始终遵守的基本过程，团队能够以此作为基线开始改进。

19.2　提高生产力

提高生产力的渴望无处不在，但你怎么知道团队是否在进步呢？你如何度量生产力？

尽管用绝对尺度度量软件生产力是近乎不可能的，但故事点和速度提供了一种用相对尺度度量生产力改进的方法，而这为大幅提高生产力奠定了基础。

故事点在生产力度量方面最主要和有效的用法是比较团队自身随时间的改变。如果团队最初 5 个 sprint 平均交付 50 个故事点，而接下来的 5 个 sprint 平均交付 55 个故事点，这表明团队的生产力提高了。

19.2.1　提高团队生产力

提高生产力的第一步是通过速度来建立一个可度量、可信的生产力基线，正如第 18 章所描述的。

一旦建立了速度基线，你就可以进行过程改进，并将团队接下来的几个 sprint 的速度与基线速度做比较。几个 sprint 过后，你就会洞察到这个改进是提高了生产力还是降低了生产力。

下面是一些过程改进的例子，其效果能够通过比较多个迭代的速度变化进行度量：

- 你引入了一个新的协作工具；
- 你改变了部分技术栈；
- 你把成员位置分散的团队中的产品负责人从在岸调去离岸；
- 你加强了就绪定义，并在实现工作开始前投入更多时间进行故事细化；
- 你将 sprint 的节奏从 3 周调整为 2 周；
- 你把团队从隔间转移到开放式工作区；
- 你在发布的中途增加了一个团队成员。

当然，数字上的变化并非总是明确的。通常，使用生产力度量时，最好采用这样的态度：度量可以给出要问的问题并指出要关注的地方，但它们不一定能给出答案。

19.2.2　提高团队生产力的作用

短周期的 sprint 提供了更频繁的机会来试验过程改进、追踪改进结果，并固化有效的改进。通过这种方法，改进积累得很快。我们已经看到一些团队生产力翻了一番或者提升更高。

度量生产力的提升也可能带来一些我们不太愿意看到的场景。我们看到几个例子，团队由于绩效不佳而想通过投票让问题成员离开。在每一个案例中，故事总是类似的。经理问：“如果我们让那个人离开，你们会承诺保持相同的速度吗？”团队回应：“不，我们会承诺提高我们的速度，因为那个人拖慢了大家。”

在另一个例子中，我们与一个数字内容公司合作，该公司在两个地点有团队。第一个地点的团队 15 人，第二个地点的团队 45 人。通过严格追踪速度、监控在制品以及分析等待状态，第一个地点的团队断定，他们花费在协调异地团队上的时间和精力，甚至比异地团队的工作所创造的价值还多。第二个地点的团队被重新安排了不同任务，而最初的项目在仅有 15 人的第一个地点，其总产出提高了。他们通过规范地使用敏捷生产力度量有效地将生产力提高了 4 倍。

19.2.3　组织对生产力的影响

敏捷专家不断重复这个准则：Scrum 不解决你的问题，但它能暴露问题的存在，以便你能看清楚问题是什么。有时候 Scrum 暴露出团队能够自行解决的问题，有时候它暴露出需要组织解决的问题。我们看到的组织问题包括：

- 难以招聘到合格的员工；
- 人员流动率高；
- 专业发展太少；
- 经理培训太少；
- 不愿撤换有问题的团队成员；
- 不愿遵循 Scrum 的规则，如 sprint 中期不进行变更；
- 不能配备特定角色（Scrum Master，产品负责人）；
- 频繁改变业务方向；
- 对其他团队有依赖，而这些团队又不能提供及时的支持；
- 过多的跨项目多任务处理，包括提供必要的产品支持；
- 缺乏业务人员的支持，决策缓慢；
- 管理层决策缓慢；
- 官僚企业的工作方式；
- 团队散布在多个开发地点；

- 对跨工作地点旅行的支持不足。

19.2.4　比较各个团队的生产力

虽然大多数跨团队的速度比较做了也没什么意义，但有一种类型的比较却是有效的——跨团队的生产力提高率。如果大多数团队每季度生产力提高 5% ～ 10%，而有个团队每季度提高 30%，你可以考察这个团队的效能，了解它是否做了其他团队可以学习的事情。此外，你还需要将团队人员组成上的变化或其他非生产力因素考虑在内，它们也可能对团队效能有影响。

19.2.5　生产力改进的底线

软件生产力度量是一个敏感的话题。虽说度量不是完美的，也不是绝对可靠的，但这并不等于说度量没有用。如果谨慎地使用，生产力度量能帮助团队效能快速提升。

19.3　严格绘制价值流图，并监控在制品数量

随着组织超越基础 Scrum，组合使用精益作为支持质量和提高生产力的方法会变得非常有用。看板是一种精益技术，常常用来实现精益所要求的工作流可视化与价值流图绘制。

看板强调检查在制品（work in progress，WIP），它会先确定当前系统中存在多少在制品，而后通过逐渐限制在制品的数量来暴露那些限制吞吐量的延迟。

看板系统通常使用如图 19-1 所示的物理板。

看板在日语中的意思是招牌或广告牌。看板上的工作项（看板卡）被记录到便利贴上。工作项从左到右移动，但当看板上有空地允许的情况下，工作是从右边拉动而非从左边推动。在上面展示的板子上，工作项可以被拉动到 UAT 或测试，但没有空闲的容量可以将工作拉动到其他状态。

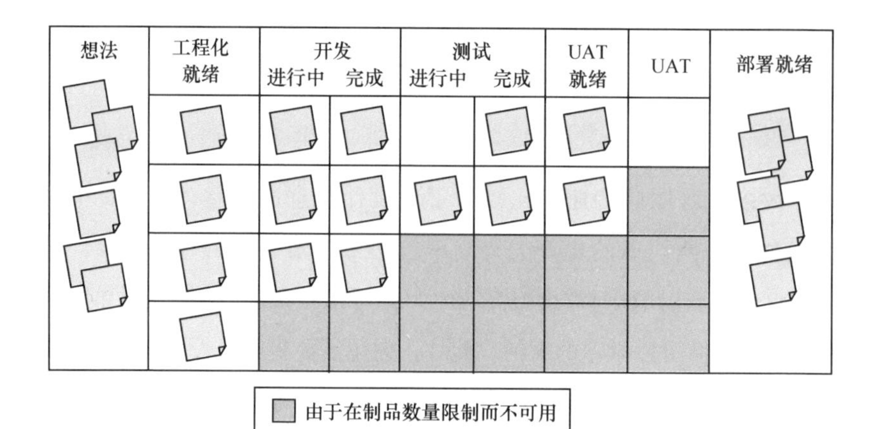

图 19-1 物理板

在精益中，工作总是以下 3 类中的一种：

- 有价值——能够立即增加具体价值并且客户愿意为之付费的工作；
- 必要的浪费——工作本身不增加价值，但它是增加价值所必需的辅助工作，如测试、获取软件许可等；
- 不必要的浪费——不增加价值的工作、降低吞吐量的工作，以及可以消除的工作。

限制在制品的作用是暴露等待时间，这是软件项目中浪费的一大来源。以下是一些需要等待的例子：

- 代码已经通过单元测试、集成测试并且已经提交；在功能可以部署之前，需要等待手工验收测试完成；
- 在软件可以被部署前，等待开发修复由独立测试组织发现的故障；
- sprint 中的故事挪动到“完成”前，等待代码评审；
- 等待一个地点的团队提交代码，然后另一个地点的团队才能继续工作；
- 在开发团队能够开始实现故事之前，等待产品负责人细化故事；
- 等待高层决策者确定团队应该实施哪种方案。

无论如何，软件项目的等待时间会延迟功能发布，因此，它始终是一种形式的浪费。

当团队第一次绘制他们的工作流时，往往会发现他们有太多在制品——通常，在制品实在太多了！

严格关注在制品将突出这一点：提高吞吐量与最大限度地利用员工个人很少有关。希望让每个员工时刻保持忙碌很多时候反而会制造更多在制品，这会产生瓶颈，进一步降低吞吐量。关注在制品对帮助组织从最大化忙碌向最大化吞吐量转换是非常有用的。

对看板和精益的详细讨论超出了本书的范围。本章末尾推荐了更多阅读的资料。

19.4　敏捷回顾

在回顾会议上主要考虑新改进项和评估先前改进项的效果。在 Scrum 项目中，sprint 回顾在 sprint 的最后举行，也就是在 sprint 评审会议之后、下一个 sprint 的 sprint 计划会议开始之前。

回顾的目的是审视，sprint 的进行情况，产生改进想法，评估在之前的回顾会议中确定并开始实施的改进项，以及制订下一个 sprint 中改进项的实施计划。Scrum Master 主持会议，整个 Scrum 团队参加。

会议一般遵循下面的流程。

（1）介绍规则。建议团队成员更多关注于如何改进。提醒大家关注修复系统。有家公司在每次回顾时都用一个笑话开场，这能为会议确立下宽容错误和心理安全的基调。

（2）收集输入。让大家把想法写在便利贴上，然后贴到同一面墙或者白板上。

（3）洞察问题。将相似的意见或想法归类，寻找这些问题的根因，回顾全局。

（4）决定做什么。确定团队可以尝试的改进项，制订行动计划。

（5）总结并结束回顾。在回顾会议最后，可以回顾下这场会议还能如何进一步改进。

回顾的关注点放在下一个 sprint 能够进行改进的任何地方，包括：

- 流程和实践；

- 沟通；
- 环境；
- 工作产品；
- 工具。

回顾会议要有时间限制。对于 2 周的 sprint 来说，回顾会议的长度通常是 75 分钟。

对是否应该允许外部参与者观察或参与回顾会议，团队的看法各不相同。管理层总是可以评审回顾产生的改进计划，但我相信让回顾自身最大程度地坦诚比允许外部观察员更有价值。

19.4.1 留出时间让改进产生效果

当前的 Scrum 实践是确保每次回顾会议至少产出一个可以在下一次 sprint 进行的改进。这个改进项的效用会在下一次回顾会议中被评价，如果它对提升团队的效能有帮助，那么团队会将此改进保留下来，否则就停止做这项改进。改进项可以放入产品待办事项列表，并安排到未来的 sprint 中进行交付。

想要防止团队安于现状的期望是合理的，然而，我认为实际情况是我们实施改进时往往过于迫切。实施改进时，应该同时能有效地对每项改进的效果进行度量。太快引入过多的改进会使它们对速度的影响变得更加复杂，难以观察。

留出时间让环境在某项改进上稳定下来，以便能够理解每项改进的效果。改进有时会在提高生产力之前先引起生产力下降，要允许这种情况。

19.4.2 回顾会议上回顾故事点的估算

故事点估算在估算完成后不会再改变，但可以在回顾会议时评审这些估算。如果团队同意一个故事的实际大小在其估算大小的一个斐波那契数之内（例如，故事最初估算为 3，但结果更像是 5），这次估算就是没问题的。如果估算的偏差超过了一个斐波那契数，就将其算作一次失误。最后追踪有多少故事点估算失误了。

估算失误的次数可以作为一个参考指标来衡量团队在为故事估算点数前是否做了足够的待办事项列表细化，是否对故事进行了充分的拆解，是否在 sprint 计划会议上对故事进行了充分的讨论，等等。

19.5 谨防应付度量

致力于过程改进时，要确保改进是真实有效的，而不是由于度量内容的变化或团队人员组成的变化所带来的改进的假象。

不同的团队就哪些类型的工作需要分配故事点会有不同的做法（这也是跨团队的对比存在挑战、而跨公司的对比没有意义的诸多原因之一）。有些团队会给修复缺陷的工作分配故事点，有些团队就不会。有些团队会给技术试验工作分配故事点，有些团队就不会。根据我的经验，有些方式比其他方式效果更好，但永远无效的做法是，通过改变工作的类型来美化度量结果，而不是真正地致力于过程改进。

如果你发现团队正在应付度量，将其作为一个正向看待错误的机会。从系统的角度看待这个行为，修复引起问题的系统。根据自主、专精和目标中的专精部分，团队通常想要改进。如果发现团队正在应付而非使用度量进行改进，调查是什么损害了团队想要改进的天性。是过度的日程进度压力吗？没有足够的时间进行检视和调整？缺少权限做出可以产生改进的变化？这是反思你作为领导者的效能并评估其对团队的影响的机会。

19.6 检视和调整

除了正式回顾，检视和调整思维应该从头到尾应用于敏捷项目。Scrum 为检视和调整的发生提供了一些结构化的机会：

- sprint 计划；
- sprint 评审；
- sprint 回顾；

- 发现一个在过去的 sprint 中被引入但未被及时检测出来的缺陷时。

有效使用检视和调整要有点急性子。那些很能忍耐自己问题的团队最终会与这些问题纠缠很长时间而不做改进。而坚持做些事情解决问题的团队则能够异常快速地得到改善。

有效使用检视和调整也能从某些结构性工作和透明度中获益。我们见过有团队将选定的过程改进项一起纳入产品待办事项列表中，并与其他工作一起参与优先级排序和计划工作，这种做法取得了成功。这样做能避免团队只是不断地记录、回顾改进项却从未真正实施改进的问题，也能避免一次性实施过多改进带来的改进效果难于度量的问题。

19.7 其他考虑：度量个人生产力

许多领域都在试图度量个人生产力，包括医学领域、教育领域和软件领域等。但是不管哪行哪业，都没有有效的方法来度量个人生产力。最好的医生可能接手了最为棘手的病例，即便是最好的医生，他们的治愈率仍然可能低于其普通同行；最好的老师可能在情况最为复杂的学校里工作，即便是最好的老师，其学生的考试分数仍然可能低于平均分；最好的软件开发人员可能接手了最复杂的工作，在这种情况下，他们表现出来的生产力反而会比普通的开发人员低。

许多因素上的差异会影响个体的产出，比如技术任务的分配、跨团队的多任务处理、与其他团队成员的人际关系、利益相关者对项目的支持程度、花在指导其他成员上的时间等。在用于研究的环境之外，真实软件项目包含太多混淆变量以至于无法对个人进行有意义的生产力度量。

敏捷关注的是团队，而不是个人。团队层面的度量在文化上与敏捷更一致，而且也更高效。

给领导者的行动建议

检视

- 调研团队的 Scrum 实践是否足够一致，能够形成度量可以依赖的基线。
- 回顾团队在 sprint 评审会议、回顾会议和计划会议中的表现。他们有没有好好利用这些会议进行检视和调整？
- 你作为领导者对团队改进的支持如何？特别是当平衡短期交付需求与长期改进目标时。
- 为当前工作流绘制价值流图，并寻找存在延迟的地方。评估在交付过程中由于不必要的延迟造成的浪费情况。

调整

- 开始使用故事点度量过程改进的效果。
- 鼓励团队在 Scrum 的相关活动中持续地进行检视和调整。
- 主动与团队沟通回顾的重要性，向团队表明你支持他们基于回顾会议中的发现并在下一个 sprint 中马上做出改进。
- 通过使用看板可视化团队的工作，并寻找延迟。

拓展资源

- Derby, Esther and Diana Larsen. 2006. *Agile Retrospectives: Making Good Teams Great.* Pragmatic Bookshelf.

  这是一本关于如何在敏捷中开展回顾会议的书。
- Hammarberg, Marcus and Joakim Sundén. 2014. *Kanban in Action. Manning Publications.*

  这本书很好地介绍了在软件项目上的看板实践。
- Poppendieck, Mary and Tom. 2006. *Implementing Lean Software Development: From Concept to Cash* . Addison-Wesley Professional.

  这是另一本介绍面向软件的精益 / 看板的图书。

- Oosterwal, Dantar P. 2010. *The Lean Machine: How Harley-Davidson Drove Top-Line Growth and Profitability with Revolutionary Lean Product Development.* AMACOM.

  这本书描述了哈雷戴维森公司通过应用精益改进其产品开发工作的案例。
- McConnell, Steve. 2011. What does 10x mean? Measuring Variations in Programmer Productivity. [book auth.] Andy and Greg Wilson, Eds Oram. *Making Software: What Really Works, and Why We Believe It.* O' Reilly.

  这本书的"What does 10x mean? Measuring Variations in Programmer Productivity"这一章探讨了开发人员的个人生产力差异，并对商业环境中度量个人生产力会遇到的挑战给出了更多细节。
- McConnell, Steve. 2016. Measuring Software Development Productivity. [Online] 2016. [Cited: January 19, 2019].

  这个网络研讨会提供了更多关于测量团队生产力的细节。

第 20 章　卓有成效的敏捷预测

三十多年前，汤姆 • 吉尔伯（Tom Gilb）在其 *Principles of Software Engineering Management* 一书中提了一个问题：想要预测，还是想要控制（Gilb，1988）？敏捷的出现让许多企业对此问题的回答慢慢地发生了转变。顺序开发的通常做法是先定义好一组固定的特性集，然后再估算完成功能所需的时间——其重点在于预测交付的进度。敏捷开发的通常做法是先定下交付的时间表，然后再识别出能够在这个时间段内交付的最有价值的功能——其重点在于控制特性集的范围。

大多数敏捷文献所关注的软件开发，都是面向那些交付时间比交付特定功能更加敏感的市场，如面向消费者的移动应用、游戏、SaaS 应用、Spotify、奈飞、Etsy 等。但如果客户仍然需要可预测性，你该怎么办呢？如果公司希望交付一组特定的功能并且知晓交付所需的时间，你该怎么办呢？又或者，是你自己想要了解多少功能大约能在多长时间内交付，以便能更好地调整功能范围和进度表，此时又该怎么办呢？

敏捷通常强调控制特性集的范围，但如果选用了恰当的实践，敏捷同样能很好地提供预测能力。

20.1　发布生命周期不同阶段的可预测性

在项目最初的阶段，敏捷特定的估算实践尚且派不上用场。无论项目最后是以顺序方式或是敏捷方式进行，在项目的早期、产品待办事项列表还未得到填充之前，项目用到的估算实践都是相同的（McConnell，2006）。直到团队开始进入 sprint 的工作节奏，敏捷与顺序之间的区别才得以体现。

图 20-1 在软件不确定性锥中展示了敏捷特定的估算实践在项目中开始发挥作用的时间点。

这个图里还有些特别的地方。那就是，如果你不仅仅需要可预测性，还希望能够控制范围，那么敏捷实践需要在更早一些的时间点中参与进来。

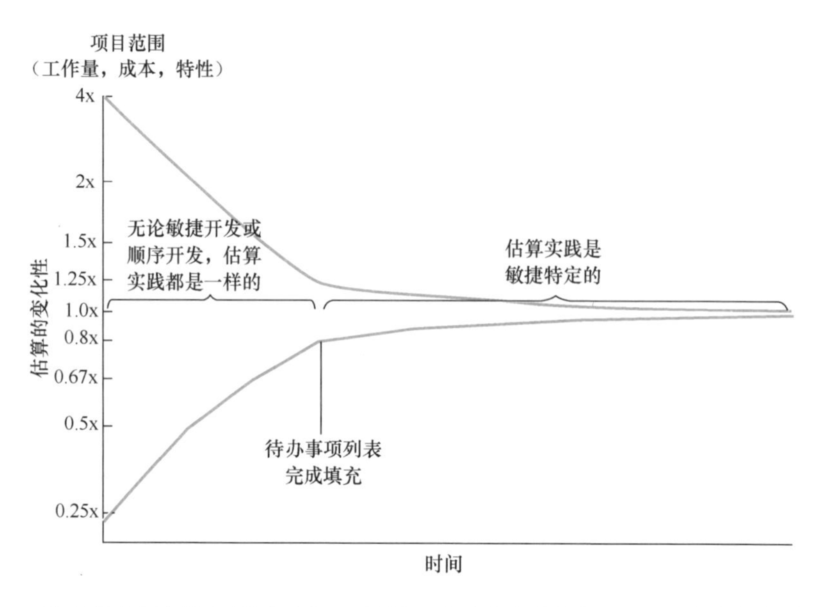

图 20-1 以不确定性锥表示的估算实践。敏捷特定的实践在项目待办事项列表填充后开始发挥作用。修改自（McConnell，2006）

20.2 可预测性的类型

下面先简要介绍几种实现预测的方法，而后的几节会对这些方法进行深入的讨论。

（1）精确的成本和进度预测。有时你需要预测特定的特性集的成本和进度。也许是需要在新平台上原样复刻一套功能，也许是要为一个已构建好的硬件设备开发一组确定的功能，也许是在一个非敏捷的合同下开发软件。所有这些场景都是对可预测性有要求，没有太多余地对特性范围进行控制。虽然它们不是最常见的情况，但也会时不时发生。

（2）精确的特性预测。有时需要预测在固定日期和固定预算下可以精确交付的特性范围。这是第一种情况的不同表现形式，其预测实践与第一种情况是相似的。

（3）粗略预测。有时需要预测功能、成本和进度大致组合的可行性。没有一个参数是严格限定的，每个都有点灵活性。预算阶段常常需要这类预测，比如当尝试评估开发一个粗略定义了功能的业务用例是否可行时。当在追踪项目过程时，常常也需要宽松的可预测性。可以通过将预测与控制结合的迭代过程来实现粗略预测。

接下来的两小节会描述实现精确预测所需的工作。即使不需要精确预测，实现精确预测所涉及的注意事项也与最后一节描述的实现粗略预测相关。

20.2.1 精确的成本和进度预测

如果需要预测一个精确、固定特性集的成本和进度，通常需要在明确的特性集确定之后——一般是在发布声明周期进展到 10% ～ 30% 的时候，预测工作才能开始。

下面这些关键敏捷实践支持严格的可预测性：

- 故事点分配；
- 速度计算；
- 小故事；
- 预先填充、估算和细化产品待办事项列表；
- 短迭代；
- 发布燃尽图；
- 考虑速度的波动性。

如果不需要精确的成本和进度预测，尽可以跳到 20.2.2 节。然而，之后的几节会引用本节的一些概念，所以在跳过本节之前至少浏览一下标题。

1. 支撑预测的实践：故事点估算

对工作量的直接估算容易受到倾向性和主观性的双重影响（McConnell, 2006）。倾向性指的是在预期方向上有意识地调整估算。主观性指的是由于主观臆断或估算技巧不足而无意识地调整估算。软件开发的历史是，估算几乎总是乐观的，导致个人和团队有系统性低估的倾向。

故事点之所以有用，部分归因于它们可以免受倾向性的影响。团队使用故事点来分配工作项的相对规模，而非直接估算工作量。当人们分配故事点时，他们脑海中常常有一个从小时到故事点的换算因子，但由于故事点的使用方式，这些换算因子中的错误不会妨害估算。故事点被用来计算速度，这是基于实际表现进行的经验性计算。团队可能会乐观地想：我们这个 sprint 能够完成 100 个故事点。当 sprint 结束时，他们完成了 50 个故事点而不是 100 个，他们的速度是 50，而不是 100，而且这个数字会被用于未来的计划。

2. 可预测性支持：速度计算

速度最常见的用途是用于在每次 sprint 上辅助做 sprint 计划。速度的另一个同样重要的用途是支撑预测。如果团队在过去 3 个 sprint 已经以可持续的步调工作并且每个 sprint 完成 50 个故事点（平均速度 50），团队可以使用这个平均速度预测用多长时间交付全部功能。

假设你的公司正计划一个为期 12 个月、包含 1 200 个故事点的发布。12 个月的时间表能安排 26 个双周的 sprint。团队工作 8 周（4 个 sprint），发现每个 sprint 的平均速度是 50 个故事点。此时，可以合理地预测团队将需要 1 200/50 = 24个sprint来完成计划的工作。团队很有可能在计划的一年时间内交付该特性集。

采用速度来做预测，会有一些前提要求和特殊情况。用来校准团队速度的故事需要 100% 完成——它们必须完全达到严格的完成定义。而且，团队不能积累发布周期后期需要偿还的技术债，因为这会拖慢后期 sprint 的速度。速度推测需要考虑到假期和节日。计划需要考虑到完成定义之后仍需要的工作，如用户验收测试、系统测试等。速度还必须考虑到团队表现出的 sprint 之间的波动性（稍后详细介绍）。但与传统的顺序项目估算相比，团队能在发布周期早期基于经验校准其生产力，并且用这个校准速度来预测完成日期，这是非常强大的。

3. 可预测性支持：小故事

正如第 18 章所讨论的，保持小故事支撑了敏捷项目上的进度度量。

4. 可预测性支持：预先填充、细化和估算产品待办事项列表

需要精确预测的团队需要预先将整个发布的所有故事填充到产品待办事项列

表中，也就是说，采用更具顺序开发特征的方法来填充待办事项列表。

他们不需要像在纯粹的顺序开发中那样细化尽可能多的故事细节，只需要细化到能够为每个待办事项估算故事点即可，这又比典型的敏捷方法中的预先细化做得要多。之后，他们给每个待办事项实际估算故事点，这被称为“给整个产品待办事项列表估算点数”。

在项目早期，很难将每个故事细化到一个能被有效估算的、落在 1 ～ 13 这个尺度上的规模，我将在本章稍后给出解决这个问题的建议。

5. 可预测性支持：短迭代

正如第 18 章所讨论的，迭代越短，获得用来预测团队进展的生产力数据就越快。

6. 可预测性支持：发布燃尽图

在正常的工作流程中，团队可以很轻松地监控实际进展与前期预测之间的差距。团队使用发布燃尽图来跟踪每个 sprint 完成的故事点数量。如果团队的速度开始发生变化，不再是最初 50 个故事点的平均速度，可以通知利益相关者并相应地调整计划。

7. 支撑预测的实践：考虑速度的波动性

任何团队的速度都会在各个 sprint 表现出变化。平均速度是每个 sprint 50 个故事点的团队，其各个 sprint 实际完成的故事点可能分别是 42、51、53 和 54。这表明，使用团队速度来预测长期结果包含了一些变数或风险。

这个完成了 4 个 sprint（每个 sprint 的速度如上）、平均速度为 50 个故事点的团队，其平均速度的样本标准差为 5.5 个故事点。可以根据已完成的 sprint 数量计算一个置信区间，以此估算对团队整个项目最终速度的风险。随着团队完成更多 sprint、获得更多经验，你可以随时计算速度的标准差并更新这个置信区间。

图 20-2 展示了使用初始速度和置信区间来说明团队可能的最低速度和最高速度。基于 90% 的置信区间，团队需要总共 22 ～ 27 个 sprint 来完成 1 200 个故事点、共计 24 个 sprint 的工作。团队的速度只有较小的波动，这使得它对交付时间的影响也相对稳定。诚然，在最坏情况项目有延期一周的风险，但有更大的可能团队可以在计划的一年之内完成工作。

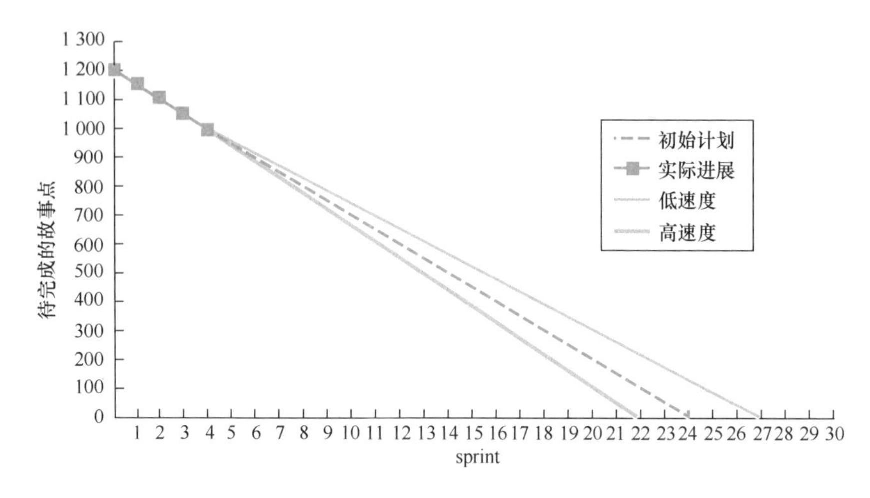

图 20-2 团队的平均速度、速度波动性以及置信区间的数学计算能够用来计算项目结果的波动性

置信区间是一个具体（且复杂）的统计计算，是对观测均值（平均值）接近实际均值的确信程度。在这个例子中，90% 的置信区间是说对速度的实际均值在 44 到 56 之间有 90% 的信心，这意味着实际需要的 sprint 数量在 22 到 27 个之间（包含到已经完成的 4 个 sprint）。有些团队使用标准差来计算可能的结果，但这在数学上是不对的。标准差是对单个 sprint 速度落入一个区间的预测。置信区间是计算完成一组 sprint 的可能平均速度范围的合适技术。

基于置信区间的计算方式，团队完成的 sprint 越多，最终需要的 sprint 数量范围就越窄，可预测性就越好。如果团队接下来的 4 个 sprint 表现出与前 4 个 sprint 相同的可变性，90% 的置信区间会将范围缩小至总共 23 ～ 26 个 sprint 来完成这些工作。

团队的速度绝不是纯粹用来做预测计算的工具，因为目标之一是帮助团队达到速度稳定。随着团队不断改善其实践，速度的波动性会降低，预测的准确度会提高。

20.2.2 精确的特性预测

如果成本和进度是固定的，并且你需要基于该固定成本和进度预测一个明确的、可以被交付的功能集，那么方法与上一节所描述的类似。下面是一个精确的特性集预测方法所涉及的关键敏捷实践。

1. 创建产品待办事项列表

如同实现精确的成本和进度预测时所使用的方法，产品待办事项列表必须完全填充。

如果团队定义和细化的故事点加起来比团队有时间处理的故事点多，一些定义和细化工作就被浪费了。团队越是从高优先级到低优先级填充待办事项列表，浪费就会越少。

2. 计算速度，用来预测功能数量

速度的使用与其在精确的成本和进度预测场景中的用法类似。然而，速度用来预测能够交付的功能数量（也就是，故事点的数量），而不是预测最终日期。可变性转移到了特性集上而不是进度上。

使用之前相同的示例——一年时间——可以使用置信区间预测固定数量的 sprint 能够完成的故事点，而不是预测交付固定数量的故事点所需的 sprint 数量。

基于最初 4 个 sprint 之后的 90% 的置信区间，团队在总共 26 个 sprint 后应该交付总计 1 158 ～ 1 442 个故事点，团队很有可能达成 1 200 个总故事点的目标。

20.2.3 粗略预测

到目前为止，我们讨论的都是单纯的预测方法。在项目的某个阶段，公司会希望能够在不过多妥协任一因素的前提下，预测最终交付的成本、进度和功能的准确组合。这种程度的预测需求在某些行业中非常普遍，而在另一些行业中仅是偶尔出现。

据我所知，更为常见的需求是进行更为粗略的预测，允许对成本、进度、功能中的一个或多个因素进行持续的控制和管理。如我之前所述，多数时候，估算的作用不是做出精确预测，而是得到某些工作能否在某个时间内完成的一个大致感觉（McConnell，2000）。这不是真正意义上的预测，因为被预测的主体一直在变化。这其实是预测与控制的结合。不管它的特征是什么，它能够满足企业对“预测”的需求，同时还可以作为实施软件项目的一种高效的方法。敏捷实践能够很好地支持这种粗略预测。

1. 高层预算规划中的粗略预测

一些敏捷教练建议使用 20、40、100 这样更大的故事点值——或者 21、34、

55 和 89 这样的斐波那契数——进行高层预算规划，即使它们不用于详细估算。正如前文所述，从精确预测的角度看，使用这些大数是不合理的。但从更粗略的实用角度看，使用这些大数来辅助高层的预算规划确实可以发挥一些作用。组织只需要在这些更大的数的意义上保持一致。

2. 使用大数作为风险的代表

你可以为史诗（或者其他的大事项，如主题、特性等）估算点数，但要认识到，每次使用大数进行估算都会给预测增加一点风险。审查详细故事点与史诗故事点的比率。如果有 5% 的故事点来自史诗，整体的可预测性就没有太大风险。但如果 50% 的故事点来自史诗，给预测带来的风险就越高。这可能是个问题，也可能不是问题，这主要取决于可预测性对你有多重要。

3. 需要可预测性时使用史诗作为预算

估算史诗或其他大型事项的另一个方法是使用数值估计并将这些数字作为每个领域中详细工作的预算。例如，如果团队使用斐波那契数作为尺度并且估算一个史诗是 55 个故事点，从此时开始，就把这 55 个故事点作为这个史诗所允许的预算。

使用将史诗作为详细工作预算的方法，当团队将史诗细化成详细故事时，不允许超过该史诗的 55 个故事点的预算。团队需要为这些更详细的故事排定优先级并选择那些在 55 个故事点预算内能够提供最高业务价值的故事。

这种方法在其他类型的工作中很常见。如果要做厨房改造，就要给这个改造做一个总预算，并为橱柜、电器、台面、五金等制定详细预算。这个详细预算方法同样适用于软件团队。它为组织提供了可预测性的感觉，这种感觉是通过结合可预测性和控制得到的。

团队时常会超支——这个例子中，它无法在 55 个故事点的预算内交付预期的核心功能。这将迫使你与业务就工作优先级和是否值得超出预算展开沟通。这类对话是健康的，而这类故事点估算促使此类沟通的发生。它可能无法提供与严格的可预测性方法相同的可预测性级别，但如果相较于单纯的预测而更注重逐步修正方向，那这也是可以接受的，甚至是更好的方法。

4. 为核心特性集与附加特性的组合预测交付日期

一些组织并不需要特性集 100% 的可预测性。他们需要确保在特定时间内交付核心特性集，并且在交付核心特性集之后还能视情况交付一些附加特性。

如果我们拿来做例子的这个团队需要交付 1 000 个故事点的核心特性集，它能预测在大约 20 个 sprint（40 周）后完成这个核心特性集。这为一年剩余的时间留出了大约 6 个 sprint 或者 300 个故事点的产能。组织能够就核心特性向客户做出更长期的承诺，同时仍留有一些能力用于交付准实时的特性。

20.3　可预测性与敏捷边界

大多数企业在多数时间能够使用本章描述的更粗略的方法来满足其业务目标。但一些企业对预测有更高的需求，需要更精确的方法。

一些敏捷纯粹主义者会抱怨，将产品待办事项列表细化到足以支撑细粒度故事点估算所需要的程度，这不敏捷。但我们的目标不仅仅是照本宣科地做敏捷（如果你确实关心本章的主题的话），而是使用敏捷实践和其他实践来支持业务目标和战略。而有时候，预测确实是业务需要的东西。

如图 20-3 所示，第 2 章描述的敏捷边界概念在这里很有用。

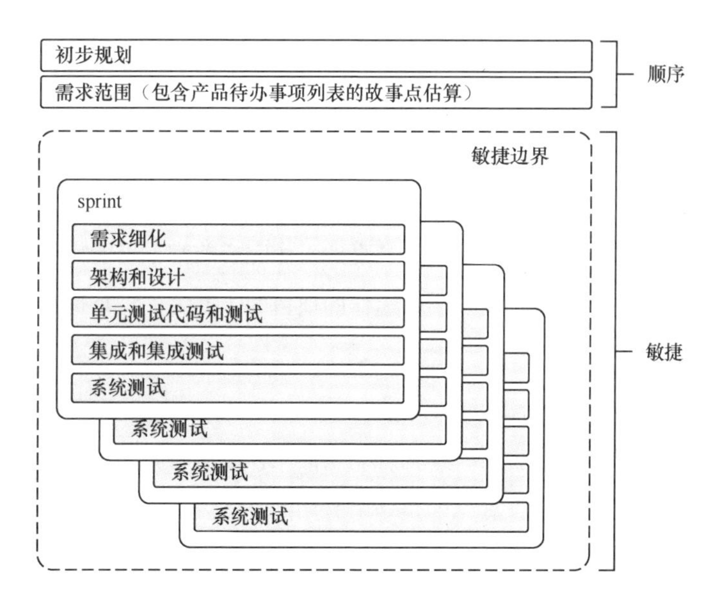

图 20-3　敏捷边界的概念有助于支持需要长期的可预测性的组织

为了严格的可预测性，有些早期活动需要按照更加顺序的方式进行处理，在此之后，项目的其余部分能够以完全敏捷的方式进行。

20.4 可预测性与灵活性

本章的讨论一直集中在对长期预测有业务需求的公司上。敏捷实践为这一目标提供了出色的支持。

公司需要长期预测，并不意味着它不能改变计划。一个业务在年初筹划了1 200个故事点的功能，有时会决定在中途改变方向。这没什么错。如果团队使用敏捷实践，它能够以一种有组织并且高效的方式来应对方向的改变。是的，一些早期需求细化工作将会被废弃，这确实浪费，但与团队使用顺序方法而预先完全细化了每个需求相比，废弃的工作已经很少了。再者，由于短 sprint 的工作结构，团队能够更容易地改变方向。

20.5 其他考虑

20.5.1 可预测性与 Cynefin 框架

在发布周期的早期完整定义产品待办事项列表依赖于诸位于 Cynefin 框架繁杂域的工作。如果工作主要是复杂的，直到工作完成前都不可能完全且可靠地细化该工作。回想一下，主要在复杂域运作的项目的主要关注点是进行探查以确定要解决问题的本质。

像巴利・玻姆（Barry Boehm）螺旋模型（Boehm，1988）这样的策略建议调查具有大量复杂问题的项目，并在规划全面工作之前将其转换成繁杂问题。对重视可预测性的组织来说，这可能是一个有用的方法。然而，不是每个复杂问题都能转化为繁杂问题，复杂问题相关的工作是无法很好地预测的。如果看到一个项目包含的主要是复杂元素，先想一想该项目进行预测理论上是否可行。

20.5.2　可预测性与敏捷文化

可预测性对敏捷团队可能是个敏感话题。我们看到的敏捷实施的一个失败模式是，即使业务说明了需要估算的合理原因，团队仍然拒绝提供估算。我们看到敏捷实施不止一次由于这个原因而终止。

我们也看到一些例子，敏捷纯粹主义者建议团队不提供估算，而是坚持要指导整个组织变得更敏捷，以便不再需要估算。除了作为“尾巴摇狗”的鲜活示例，这些也算是开发团队为业务指定业务战略的无畏尝试。

《敏捷宣言》描述的最初价值之一是客户协作。如果你是客户，而你的敏捷团队一直坚持你应当重新审视业务本身，而不是提供你要求的东西，你可能需要建议团队重新重视客户协作这条敏捷价值观。

给领导者的行动建议

检视

- 你的业务对灵活性和可预测性的需求是什么？
- 你的业务是否需要精确预测，还是粗略预测就足够了？
- 你的团队是否理解敏捷开发的目标是支持业务需要，而有时候业务需要预测？
- 考虑将史诗当作预算的实践。这个方法如何在你的团队发挥作用？
- 依据 Cynefin 框架评估你产品系列中的每个项目。你的团队是否被要求估算本质上复杂的工作？

调整

- 与团队聊聊业务预测的需求。解释这为什么对业务很重要（如果确实重要的话）。
- 对每一个复杂项目，评估项目是否能够转化成繁杂项目。对那些仍保留了复杂性的项目，将关注点从预测转换到探索。
- 要求团队改进敏捷实践的使用——包括将史诗作为预算，以更好地支持业务对可预测性的需求。

拓展资源

- McConnell, Steve. 2006. *Software Estimation: Demystifying the Black Art*. Microsoft Press

  这本书包含了有关顺序项目和敏捷项目的软件估算的详细讨论。它有许多能够用于项目早期（在敏捷与顺序区别发挥作用之前）估算的技巧。自 2006 年出版时起，这本书对需求在估算中的作用的一些讨论已经被本书描述的渐进式的需求细化方法所替代。

第21章　受监管行业中的卓有成效的敏捷

早期敏捷极力强调灵活性，造成了这样的印象：敏捷实践不适合受监管行业，如生命科学和金融。强调“要么完全敏捷，要么别做”又强化了这样的印象，即敏捷实践不适合那些不明白如何使其客户或者整个产品开发周期完全变得敏捷的企业。

这令人遗憾，因为如此多的软件都是根据公开法规开发的，包括FDA、IEC 62304、ASPICE、ISO 26262、FedRAMP、FMCSA、SOX和GDPR。而且其他似乎没有受到监管的软件可能仍要遵守隐私、可访问性和安全性的规定。

随着敏捷的成熟，结果证明敏捷实践在许多受监管行业中与其他任何地方一样有用和适用。当然有可能以不符合监管行业标准的方式来实践敏捷开发，但同样也完全有可能以符合标准的方式来实践敏捷开发。

FDA在2012年采用AAMI TIR45:2012（“在医疗设备软件开发中使用敏捷实践的指导”）作为公认的标准。我的公司已经与许多处于FDA监管环境以及其他监管环境的公司合作了10多年，成功地实施了Scrum和其他敏捷实践。本章讨论适用于除监管最严格的行业之外的所有行业。特别是，FAA/DO-178号标准中规定比本章所讨论的更加广泛和全面，因此当我在本章提到“受监管环境”时，并不包括FAA/DO-178。

21.1　敏捷如何支持受监管环境中的工作

笼统地说，受监管环境的软件相关要求可以归结为：在文档中列明计划，按计划执行，用文档证明执行完毕。一些环境会增加额外的要求：提供广泛的追溯性来证明你做到了所有细节工作。

敏捷实践并不会让受监管产品的工作更困难或更简单。有关敏捷实践的文档是更大的关注点。生成文档的效率可能是在受监管环境中采用敏捷实践最重要的考量点。

顺序实践支持高效地创建受监管产品的文档。敏捷对增量和即时实践的强调增加了必须创建或更新文档的次数。这未必是问题。许多领导者告诉我，敏捷开发让文档工作更容易，因为就像软件一样，文档是在项目进行过程中被逐步创建的。然而，敏捷文化的一些方面也需要调整，如关注口述的方式和部落式的知识传承。

表 21-1 总结了敏捷重点在受监管环境中如何发挥作用。

表 21-1 敏捷重点在受监管环境中如何发挥作用

敏捷重点	对受监管环境的影响
短发布周期	对合规本身没有影响，但每个发布的成本可能很高，从而影响组织如何选择发布频率
以小批量的方式，开展从需求到实现的开发工作	对合规本身没有影响，但影响文档创建的时间
高层级的预先规划结合详细的即时规划	规划必须文档化，即使是即时规划，也可能要求可追溯性，具体取决于监管类型
高层级的预先需求结合详细的即时需求	需求必须文档化，即使是即时需求；影响文档的创建时间
涌现式设计	设计必须文档化，即使是即时设计；影响文档的创建时间
开发阶段的持续自动化测试	支持合规
频繁的结构化协作	一些协作方式必须从口述的方式转换到文档上
整体方法是经验性的、快速响应、面向改进	对合规没影响

一些敏捷实践在概念层面支持监管规定的目的——保证高质量的软件：

- 完成定义（以满足或超过监管规定要求的方式建立该定义，包括文档相关的需求）；
- 就绪定义；
- 软件质量始终维持在可发布水平；
- 测试开发或者先于代码开发或者紧随其后；
- 自动化回归测试的使用；
- 例行的检视和调整活动来改进产品和过程质量。

21.2 Scrum 如何支持受监管环境中的工作

监管标准的更新可能很慢。我前面描述的受监管环境最初是在几十年前创建的，那时软件开发就像一片荒野之地。公司实际上可以使用任何方法开发软件，而大多数方法都表现不佳。某种程度上，监管的目的在于避免效果不明的、或混乱或临时的实践。

美国联邦法规通常不要求特定的软件开发方法或生命周期。他们只要求企业如之前所述，选择一种方法、定义好方法细节并记录到文档中。另外，有时他们要求获得监管机构的批准。

敏捷的实践，特别是 Scrum 本身已经高度成熟，也已经有了广泛的文献记载（包括本书在内）。这一点已经能够满足美国联邦法的要求。如果团队同意使用 Scrum，并且按照规定通过文档来描述团队正在使用的 Scrum 实践，这便已经能说明团队正在使用一个已有定义的过程方法，从而满足监管的合规要求。

不同的监管标准有不同的要求，这里使用 IEC 62304（“医疗设备软件——软件生命周期过程”）来进行说明。

IEC 62304 标准要求有下面这些类别的活动和文档：

- 软件开发计划；
- 需求分析；
- 软件架构设计；
- 软件详细设计；
- 软件单元实现和验证；
- 软件集成和集成测试；
- 软件系统测试；
- 软件发布。

如 AAMI TIR45 建议的，这些活动能够映射到敏捷生命周期模型，如图 21-1 所示。这个方法将受监管的敏捷项目划分成 4 个层次。

- *项目层*——一个项目的全部活动。一个项目包含一个或多个发布。
- *发布层*——创建可用产品所需的活动。一个发布包含一个或多个增量。（某些监管环境对发布施加了严格的要求——如，要求能够精准地重建设备生命周期中发布过的任何软件——这会让发布变得很少。）
- *增量层*——创建可用功能所需的活动，但不一定是可用的产品。一个增量包含一个或多个故事。

- 故事层——创建一个小的、可能不完整的功能片段所需的活动。

在顺序方法中，每个活动主要在一个单独的阶段执行。对敏捷方法，多数活动分布在各个层中。

在不受监管的敏捷方法中，多数活动会非正式地进行文档化。对受监管环境中的敏捷方法，活动要更正式地进行文档化。

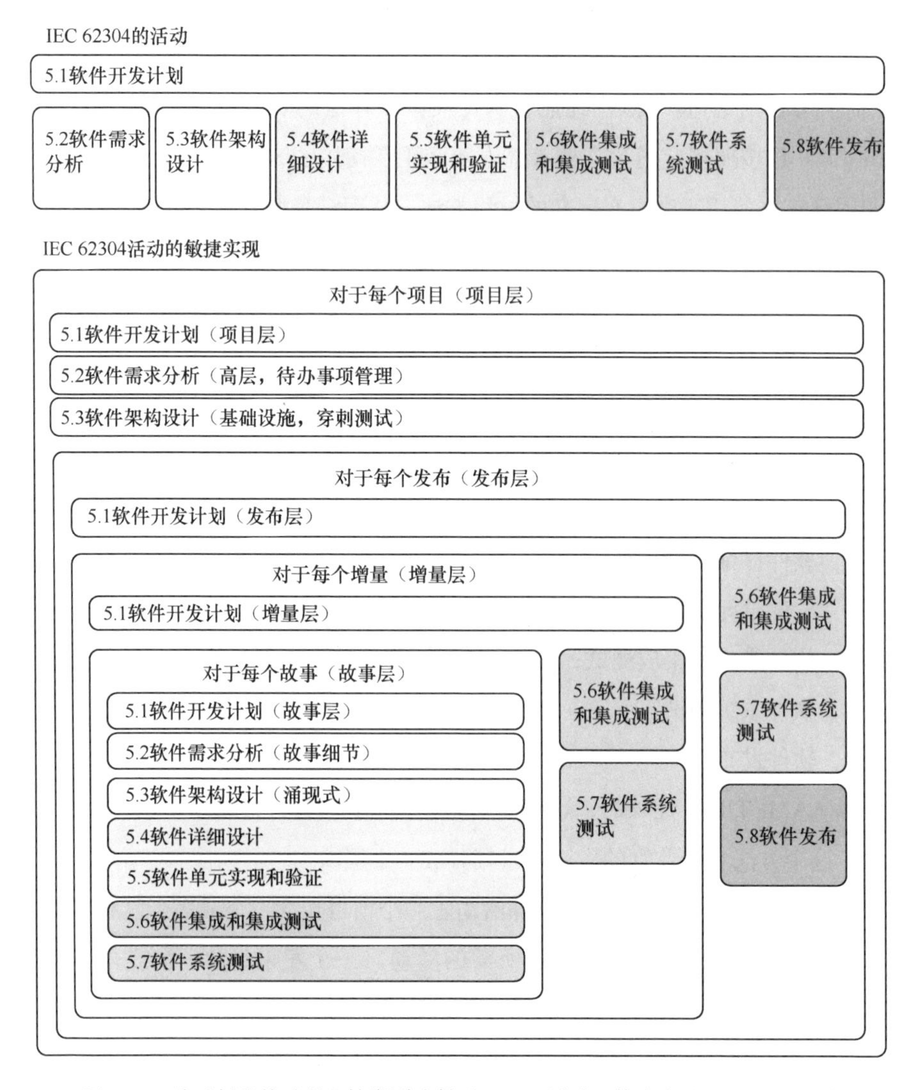

图 21-1 将示例监管过程文档类别映射到 Scrum 活动。修改自（AAMI，2012）

跨 sprint 的工作分配会进行调整以满足监管要求，部分是为了支持高效生成文档。下面的方法已经得到成功应用。

- 使用第一个 sprint（或最初几个 sprint）定义项目的大致范围、发布计划，并搭建好架构基础。
- 按手册指导实施常规 Scrum 的 sprint。完成定义包括该 sprint 的竣工资料，包括将每个用户故事映射到代码和测试用例。
- 在发布准备阶段，进行一个文档 sprint，重点完成文档以满足监管要求，包括保持需求与带有代码和测试输出的设计文档之间的同步，而且要以正式的方式运行测试来生成验证记录。

接下来我会讨论这个方法的一些变体。

21.3 受监管系统的敏捷边界

文档成本是受监管软件开发中的一个相当值得关注的问题，将敏捷边界概念应用到软件开发活动可能是有帮助的。考虑通用的软件活动集合。

在没有文档需求的情况下，你可能发现采用从计划到需求再到验收测试的高度迭代的巨大价值。你可能发现把需求留到开始实现前再即时定义的价值。

然而，当有文档需求时，你可能认为需求采用高度迭代成本太高，而使用更为顺序的方法则更经济有效。考虑到这一点，你可能将敏捷边界绘制在架构之后，并在软件系统测试之前，如图 21-2 所示。

在这个场景中，你会在计划、需求和架构上使用更顺序的方法，而后转换到更为增量的方法进行细节实现工作，之后再转回顺序方法进行软件系统测试。

一些敏捷纯粹主义者会抱怨，这种方法不是真正的敏捷，但是，再强调一次，目标不是要敏捷。目标是使用可用的软件实践来最好地支持业务。当考虑到制作文档的成本时，顺序和敏捷结合的方法有时在受监管环境中最高效。

总的来说，受监管行业的敏捷实施相较于不受监管行业的敏捷实施更为正式和结构化，也需要更多文档。尽管如此，在受监管行业工作的软件团队仍能从敏捷更短的从需求到实现单元开发周期、持续测试、更紧密的反馈循环、频繁的结构化协作以及由于更高比例的即时规划（可能还有即时需求分析和设计）而减少的浪费中获益。他们也可能从增量地构建文档中获益。

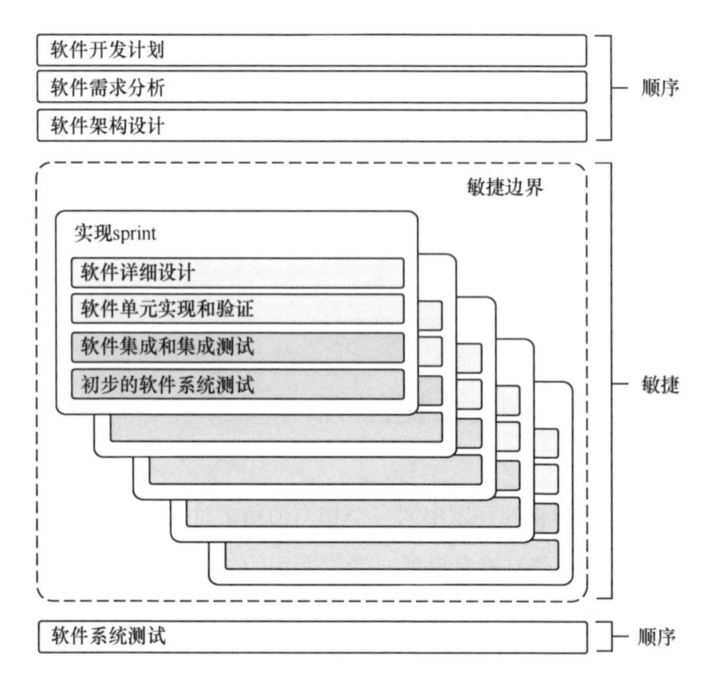

图 21-2 受监管行业的开发方案可能如何划定其敏捷边界的示例

21.4 其他考虑：监管要求

在与受监管行业的公司合作时，我们发现“合规需求”并不总是来自监管。有时它们来自已经落后于监管的僵化的组织政策。

我们与一家实施了设计可追踪性——追踪特性到受影响的特定软件模块的生命科学公司合作。我们分析了哪些开发流程要求是 FDA 强制的，哪些是公司监管部门要求的。我们能够消除三分之一的设计文档，这些文档不是 FDA 强制要求的，而且根本没用。

我们发现被当作监管要求的需求来自公司与客户审计的经验而不是来自任何监管机构。我们还看到，文档需求有时来自软件资本化规则而不是监管要求。

总的来说，我建议一定了解清楚监管要求的来源。与合规团队讨论，理解哪些是真正的监管要求，哪些是合规团队认为客户或财务实践需要做的。然后，就可以决定是否有必要将公司的历史文档需求带入当前的开发工作中。

给领导者的行动建议

检视

- 调查公司监管要求的来源。哪些要求实际上来自现行监管，哪些来自其他来源？
- 检视在你的环境中创建文档的方式。敏捷实践是否能够用来减少文档成本？
- 确定你现在会把组织中的软件开发活动的敏捷边界绘制在哪里。它是否绘制在最好的位置？

调整

- 如果文档评审指出了文档成本问题，制订一个计划，通过更为增量的方式创建文档来减少文档成本。
- 制订一个计划，为组织中的活动重绘敏捷边界，以便更好地支持组织的目标，包括成本效益高的文档化目标。

拓展资源

- AAMI. 2012. Guidance on the use of AGILE practices in the development of medical device software. 2012. AAMI TIR45 2012.
  这是目前受监管行业中敏捷的权威参考。
- Collyer, Keith and Jordi Manzano. 2013. Being agile while still being compliant: A practical approach for medical device manufacturers. [Online]

March 5, 2013. [Cited: January 20, 2019.]

这个值得一读的案例，它描述了一个团队如何使用敏捷方法满足监管需求。

- Scaled Agile, Inc. 2017. Achieving Regulatory and Industry Standards Compliance with the Scaled Agile Framework. *Scaled Agile Framework.* [Online] August 2017. [Cited: June 25, 2019.]

  这份白皮书描述了如何使用 SAFe 作为具体的敏捷方法实现合规。它虽然很短但是本章很好的补充。

第 22 章　卓有成效的敏捷项目组合管理

许多公司极其随意地进行项目组合管理。它们凭直觉决定哪个项目先开始，哪个先结束。

这些公司没有意识到这些随意的管理项目组合的方法花了他们多少钱。如果知道，他们肯定宁可烧掉成堆的百元钞票也不愿选择使用凭直觉的方法来管理他们的项目组合。

凭直觉的组合管理方法与基于数学的方法相比，它们所产生的价值差距很大，敏捷项目更短的周期时间为通过良好的组合管理增加交付价值创造了更多机会。

22.1　加权最短作业优先

管理敏捷项目组合的主要工具是加权最短作业优先（weighted shortest job first，WSJF）。

加权最短作业优先的概念源于唐·雷纳森（Don Reinertsen）在精益产品开发方面的研究（Reinertsen，2009）。在敏捷开发中，它主要用于实施 SAFe 的项目上，但这个概念是广泛适用的，而不论公司是否正在使用 SAFe。

使用加权最短作业优先时，首先需要识别出与每个特性或故事相关的延迟成本（cost of delay，CoD）。延迟成本是一个不太直观的术语，它指的是特性可用之前的机会成本。如果一个特性上线后可以每周为公司节省 50 000 美元，延迟成本就是 50 000 美元 / 周。如果一个特性上线后每周能产生 200 000 美元的收入，延迟成本就是 200 000 美元 / 周。

加权最短作业优先是一种启发式方法，其用途在于最小化一组特性的延迟成本。假设有如表 22-1 所示的特性。

表 22-1 带有计算加权最短作业优先所需信息的特性集示例

特性	延迟成本	开发时长	加权最短作业优先：延迟成本 / 开发时长
特性 A	50 000 美元 / 周	4 周	12.5
特性 B	75 000 美元 / 周	2 周	37.5
特性 C	125 000 美元 / 周	8 周	15.6
特性 D	25 000 美元 / 周	1 周	25

根据表 22-1，最初的总延迟成本是每周 275 000 美元——各个特性的延迟成本的总和。一旦开始交付功能，就停止计算已交付功能的延迟成本。

加权最短作业优先的规则是优先交付平均延迟成本最高的特性。如果多个事项有相同的平均延迟成本，那就先交付开发时长最短的事项。

假设我们按照延迟成本从大到小的顺序实现特性。总延迟成本图表看起来会像图 22-1 一样。

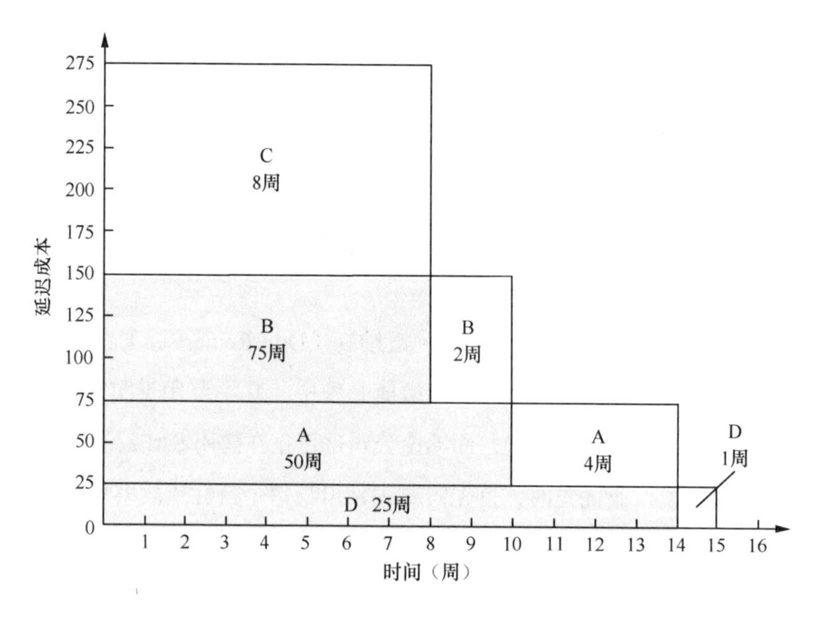

图 22-1 按延迟成本降序交付的示例特性的总延迟成本

白色矩形代表当前正在进行的特性——工作首先从特性 C 开始（最高延迟成本），然后是特性 B，继而是特性 A，最后是特性 D（最低延迟成本）。

直到特性完成都会一直累积每个特性的延迟成本。计算有阴影和没有阴影的矩形所占的总面积可以得到总延迟成本。在这个例子中，总延迟成本是 2 825 000 美元：特性 C 是 8 周乘以 125 000 美元 / 周，加上特性 B 的 10 周乘以 75 000 美元 / 周，以此类推。

图 22-2 展示的是一种不按照延迟成本，而是按照平均延迟成本（延迟成本除以开发时长）从高到低的顺序交付特性的结果。虚线展示的是按简单延迟成本顺序交付的曲线。

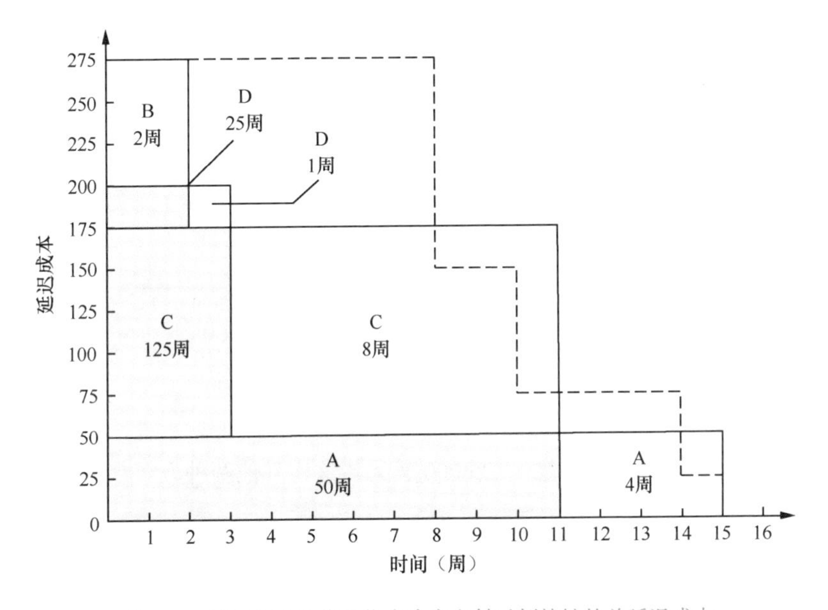

图 22-2　按加权最短作业优先降序交付示例特性的总延迟成本

从图 22-2 可以看到，当按这种顺序交付功能时，矩形的总面积要比按延迟成本降序交付的面积小。从数学上讲，这种顺序的总延迟成本是 2 350 000 美元，比上一种方法的总延迟成本减少了（或者说，业务价值增加了）475 000 美元。仅通过重新排列交付特性的顺序就获得了惊人的业务价值增长！

22.1.1　加权最短作业优先排序的常见替代方案

尽管加权最短作业优先明显是一种更好的排列交付次序的方法，基于延迟成本的其他排序方法虽然效果一般，但却颇为常见。一种更糟糕的交付顺序（也是很常见的）是在预算周期中均衡安排全部 4 个特性，在周期开始时同时开发所有 4 个特性，并且每个特性都只有在周期结束时才能完成交付，如图 22-3 所示。

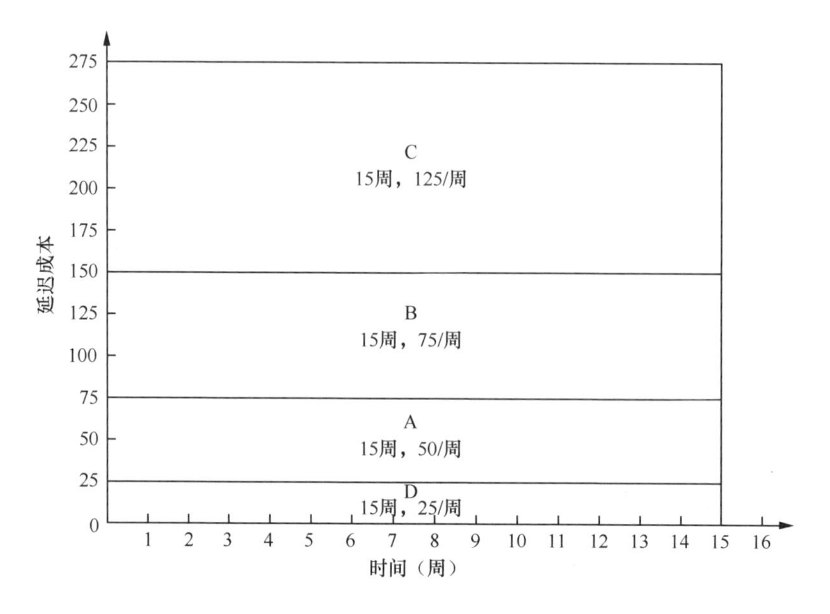

图 22-3 按预算周期交付特性的总延迟成本

这种方案的总延迟成本是 4 125 000 美元，这比其他两种方案都糟糕。

精益的一个箴言是“停止开始，聚焦完成”（“stop starting，start finishing”）。在按季度或年度节奏进行顺序开发的组织中，这个示例中表现的机会损失不会特别明显。当组织转到 1 周或 2 周节奏时，这就变得更为明显了。

22.1.2 用钱表示延迟成本的替代方案

到目前为止，示例都是用钱来表示延迟成本的。在两种情况下，可能会选择不同方式表示延迟成本。

（1）成本是非货币性成本。在安全攸关的环境中，延迟成本可能使医疗设备无法挽救生命或者接警系统不能接收紧急求救电话。在这些环境中，可以用死亡人数、受伤人数或其他合适的单位来表示延迟成本。除此之外，加权最短作业优先的计算方式是相同的。

（2）成本方面的信息不佳。更为常见的情况是，成本是货币性成本，但没有关于延迟成本的准确或可靠的信息。在这种情况下，可以分配相对成本。敏捷团队通常使用斐波那契数列（1,2,3,5,8,13,21）。在分配了相对成本后，加权最短作业优先的计算方式是相同的。

22.2　其他考虑：T恤估算法

第 14 章描述的 T 恤估算法能用于组合层面的计划，我们与成功做到这一点的公司合作过。然而，如果一个公司能够计算其计划的延迟成本，特别是如果能用钱来计算，使用加权最短作业优先将是更好的方法，因为它能带来更加显著的业务价值。

给领导者的行动建议

检视

- 组织中多大规模的特性、需求或项目足以支持延迟成本的计算。使用延迟成本和加权最短作业优先是否可以改进团队特性层面的计划或者项目组合层面的计划？
- 使用延迟成本和加权最短作业优先检视当前项目组合。从业务那里获得延迟成本信息，从团队那里获得开发时长。计算当前优先级排序的总延迟成本。计算项目组合的加权最短作业优先顺序，然后如果按加权最短作业优先重新排序项目组合，计算总延迟成本会是多少。

调整

- 使用加权最短作业优先排序项目组合。
- 考虑将加权最短作业优先方法应用于更小粒度的事项，如史诗。

拓展资源

- Reinertsen, Donald G. 2009. *The Principles of Product Development Flow: Second Generation Lean Product Development*. Celeritas Publishing.

  这本书包含了延迟成本 CoD 和加权最短作业优先的描述，而且深入讨论了排队理论、批量规模和增长流。
- Humble, Jez, et al. 2015. *Lean Enterprise: How High Performance Organizations Innovate at Scale.* O'Reilly Media.

  这本书也描述了加权最短作业优先并且更侧重于软件。它将加权最短作业优先重新命名为“CD3”（ cost of delay divided by duration ）。
- Tockey, Steve. 2005. *Return on Software: Maximizing the Return on Your Software Investment*. Addison-Wesley.

  这本书包含工程背景下经济决策的详细讨论，涉及在风险和不确定性之下进行决策的有趣讨论。

第 23 章　卓有成效的敏捷实施

本书的其他部分描述了构成敏捷实施细节的具体敏捷实践。本章讨论敏捷实施本身，这是组织变革的一种形式。无论你是处于挣扎着实施敏捷的中途还是才刚刚开始新的敏捷实施，本章将描述如何使你的实施成功。

23.1　一般变革方法

从高层角度看，敏捷实施的直观方法似乎很简单。

- 阶段 1：从试点团队开始。组建一个初始团队，在组织中尝试一种敏捷方法。解决单个团队层面的绊脚石。
- 阶段 2：将敏捷实践传播到一个或多个其他团队。利用从试点团队中学习的经验教训，将敏捷实践推广到其他团队。建立实践者社群，分享经验教训。解决额外的问题，包括团队之间的问题。
- 阶段 3：将敏捷实践推广到整个组织。利用阶段 1 和阶段 2 的经验教训，将敏捷实践推广到组织的其余部分。让阶段 1 和阶段 2 的团队成员担任其余团队的教练。

这完全合乎逻辑和直觉，甚至管点儿用。但它遗漏了成功推广所需的重要元素，而且忽略了试点团队与更大规模推广之间的关键关系。

23.2　多米诺变革模型

组织变革是一个很大的话题，研究人员很长时间以来一直对此进行研究并有诸多著述。哈佛大学教授约翰·科特（John Kotter）谈到分 3 个阶段的 8 步成功变革过程（Kotter，2012）：

- 为变革建立环境；
- 使组织参与并让组织发挥作用；
- 实施和维持变革。

20 世纪早期的心理学家库尔特·卢因（Kurt Lewin）提出了类似的观点：

- 解冻；
- 变革；
- 再冻结[1]。

这些模型能够启人深思。为了预见成功的敏捷实施需要何种类型的支持这方面，我欣赏一个受蒂姆·诺斯特（Tim Knoster）的研究启发而来的变革模型，我称其为多米诺变革模型（domino change model，DCM）。

在多米诺变革模型中，成功的组织变革需要下面这些元素：

- 愿景；
- 共识；
- 技能；
- 资源；
- 激励；
- 行动计划。

如果所有元素都具备，变革就能够成功。但是，如果任何一个元素缺失了，变革就无法成功。你可以把它当作必须就位的多米诺骨牌。如果任何一块多米诺骨牌缺失，变革就无法成功。图 23-1 展示了每块多米诺骨牌缺失时会发生什么。

本节其余部分将介绍这些元素。

1　这个模型由库尔特·卢因于 1967 年在其论文“Frontiers in Group Dynamics Concept, Method and Reality in Social”中首次提出。但在该论文中，模型的第三步并不是“再冻结”（refreeze），而是“冻结”（freeze），但后来论文被引用时逐渐被作为“再冻结”流传开，这里作者似也接收了流传的版本。这里卢因所说的“冻结”，是指将上一阶段做出的改进固化并稳定下来，使其成为新常态的过程。——译者注

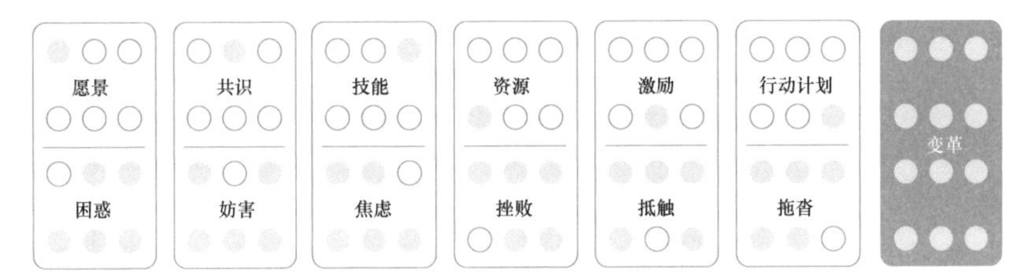

图 23-1 多米诺变革模型描述了变革需要的元素以及每个元素缺失的影响

23.2.1 愿景

根据多米诺变革模型，缺乏愿景会导致困惑。困惑首先来自敏捷本身的定义。正如第 2 章所描述的，不同的人可能对敏捷是什么有截然不同的理解。缺乏清晰的愿景，有人会认为敏捷实施指的是重新设计整个业务以变得更加灵活。其他人会认为这仅仅意味着在公司范围内实施 Scrum。领导者需要传达清晰的敏捷定义。

除了要清楚地定义敏捷，愿景还应该包含一份关于期望中的最终状态的详细表述。该表述应该包括为什么需要进行敏捷实施、预期的收益是什么、实施的深度和广度怎样，以及它将如何影响每个人——理想情况是不要泛泛或笼统地谈，而是要一个问题一个问题说清楚。

在缺乏清晰愿景的情况下推动变革会让人觉得领导者没有清晰的目标。

23.2.2 共识

在多米诺变革模型中，缺乏共识会导致妨害，我的公司看到了许多这样的例子。妨害有许多表现形式，如 Scrum 式瀑布（使用瀑布，但用 Scrum 术语命名实践），Scrum-but（忽略 Scrum 的必要元素），缺乏动力去克服哪怕很小的困难，以及抱怨和消极抵抗。

领导者没有建立共识就推动变革会让人觉得领导者不重视我们的意见。

阐明清晰的愿景对建立共识有莫大助益，积极的传达共识是非常必要的，它比你想象中的要重要得多。清晰地阐明好处是引导敏捷实施最容易的方法之一，因为团队认为这是他们工作成功所需要的。

真正的共识建立需要双向沟通：领导者描绘愿景并接受关于愿景的反馈。在真正的共识建立过程中，愿景可能也会有所变化。领导者需要对调整愿景的可能性保持开放态度，而这实际上是另一个检视和调整的例子。

23.2.3 技能

你不能强迫别人做他做不到的事情，因此，在没有培养必要技能的情况下尝试进行敏捷实施会导致焦虑。当领导者没有为团队培养必要的技能就尝试推动变革时，会让人觉得领导者不可理喻。

构建技能需要基础的专业技能培养，包括课堂里或线上的正式培训、讨论组、阅读俱乐部、午餐会、练习新技巧的时间、内部指导、外部指导，以及传帮带等。

23.2.4 资源

我们在自己工作中见到的一个常见情势是，管理层和员工都希望进行变革，但管理层想知道为什么变革需要花费这么长的时间，而员工则因为缺乏资源而认定管理层存心不让他们实施变革。我们将这称为管理层与员工处于暴力共识[1]之中，只是他们自己没发现。

这种动态的原因之一是员工被要求进行变革却没有必要的资源——他们必然会感觉自己被阻止进行变革。

谨记，软件开发是基于技能的智力劳动，软件变更所需的各种资源包括获得培训、指导以及工具的许可。尽管看起来似乎没有必要，但员工也需要获得明确的授权以及专门的时间来推进敏捷实施工作。如果没有这些，员工对日常工作的关注会占主导地位。更大型的组织通常需要全职员工推动敏捷实施。

没有充足的资源，员工会感觉领导者口是心非。

23.2.5 激励

没有激励，就会有抵触。这很正常，因为人们不愿做出与自身利益无关的变革。多数人认为，维持现状符合他们自身的利益，因为维持现状带来心理上的舒

1 暴力共识是指这样一种状态：两个人一直执念于争吵有分歧的部分，却没有意识到他们其实是有共识的。——译者注

适感。相反，做出任何改变都需要有正当的理由。

这是清晰表达愿景有所助益的另一个方面。激励不一定是金钱上的，它们不必是有形的激励。每个人需要理解变革为什么对他们很重要、为什么这符合他们的个人利益。这工作量很大并且要求大量持续的沟通。但如果没有它，人们会觉得领导者在利用他们。

记住要考虑自主、专精和目标。一个完全遵循规范的敏捷实施能够增加个人和团队的自主权。关注基于经验的计划和成长思维将支持学习和专精。最能够支持敏捷团队的领导风格是定期与团队沟通目标。

23.2.6　行动计划

没有行动计划，员工就会拖沓，敏捷实施就会迟滞。具体任务要分配给具体的人，需要建立起时间线。计划需要传达给参与变革中的每个人，对于敏捷实施来说，公司中的所有人都参与变革之中。很基础但常被忽略的一点是：如果人们不知道要做什么来支持敏捷实施，他们就不会去做！

没有行动计划的情况下推动敏捷实施会让人觉得领导者并不致力于变革。

大型企业的常见模式是发动了太多次变革，而每次变革大多都未见成效。经历过几次这样的变革，员工会采取低调的策略并希望变革在影响到他们之前告吹。从许多企业的变革记录来看，这种策略倒还真不是完全没有可取之处！

记得将检视和调整纳入行动计划。变革应该是渐进式的，应该基于定期回顾和在整个推广过程中经验教训的应用来进行改进。

表 23-1 总结了多米诺变革模型中每个元素缺失的一般影响和对领导者看法的影响。

表 23-1　多米诺变革模型中每个元素缺失的影响

缺失	导致	从而感到
愿景	困惑	领导者没有清晰的目标
共识	妨害	领导者不重视我们的意见
技能	焦虑	领导者不可理喻
资源	挫败	领导者口是心非
激励	抵触	领导者在利用我们
行动计划	拖沓	领导者并不致力于变革

23.3 在组织内传播变革

多米诺变革模型对敏捷实施的规划和实施进程迟滞的原因诊断等方面都有所助益。

然而，还有另一个敏捷实施方面的问题没有被多米诺变革模型关注到，这与组织如何试点敏捷实践以及如何继续大规模推广实践的问题相关。

与本章开头描述的理想化推广相比，许多公司的推广看起来更像这样：

- 组织承诺实施敏捷；
- 最初的试点团队获得了成功；
- 第二个或第三个实施变革的团队会遇到麻烦或失败——要么是彻底失败，要么是团队放弃新实践并回到了旧实践，要么是发现没有团队遵循试点团队的实践了。

为什么会发生这种情况？你可能熟悉杰弗里·摩尔（Geoffrey Moore）的跨越鸿沟模型，它适用于市场的创新产品（Moore，1991）。我发现该模型也同样适用于组织内部的创新。

摩尔的模型基于埃弗里特·罗杰斯（Everett Rogers）在《创新的扩散》（*Diffusion of Innovation*）一书中的开创性工作（Rogers，1995）。因为这里的讨论并不依赖于摩尔的鸿沟概念，因此我将集中讨论罗杰斯对创新扩散的描述。

如图 23-2 所示，在罗杰斯的模型中，创新依次从左到右被不同类别的采纳者所采纳。

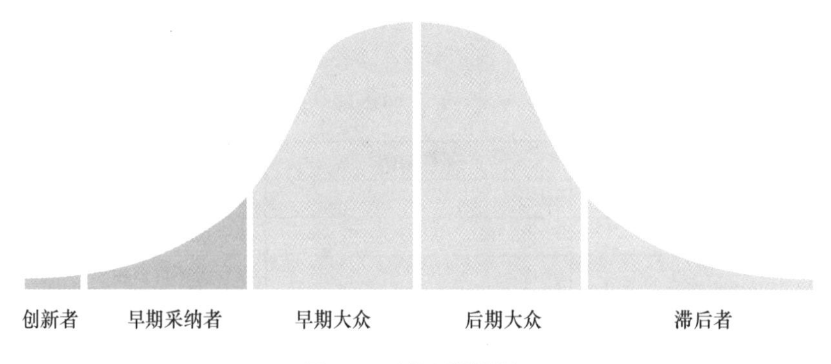

图 23-2 创新采纳顺序

每类采纳者都具有特定的特征。创新者（最早的采纳者）具有冒险精神并且渴望尝试新技术或实践。他们被新奇事物本身吸引。他们能够应对高度不确定性——他们具有很高的风险容忍度。他们常常失败，但不会为此烦恼，因为他们一心憧憬成为找到有用的新事物的第一人。因为常常失败，他们可能不会被其他类别的采纳者尊重。

早期采纳者与创新者有一些相同的特征，但要稍微缓和。他们也被新技术和实践吸引，这主要是因为他们想尝试在其他人之前赢得巨大的胜利。早期采纳者不像创新者那样常常失败，所以他们是组织中受人尊敬的“意见领袖”。他们是其他采纳者的榜样。

创新者和早期采纳者有一些共同的特点。他们都被创新本身所吸引。他们都寻找革命性的、颠覆性的收益。他们都有很高的风险承受能力并且非常积极地看待变革工作。他们愿意发挥巨大的个人精力和主动性来让变革发挥作用。他们会主动阅读，寻找同事，做试验，等等。他们将伴随新事物的挑战视为先人一步证明新事物可行性的机会。归根结底，这些人可以在几乎没有外部支持的情况下获得成功。

现在，最大的问题是：谁通常在试点团队中？

创新者和早期采纳者！这是有问题的，因为他们不能代表组织中大多数采纳者，他们只代表组织中很小一部分采纳者。

如图 23-3 所示，创新采纳顺序呈现标准正态分布（钟形曲线）。创新者在距均值三个标准差之内，而早期采纳者在距均值两个标准差之内。总的来说，他们仅代表总采纳者需要的支持的 15%。

与前期采纳者相比（创新者和早期采纳者），后期采纳者（早期大众、后期大众、滞后者）也有一些共同特点。他们被新奇事物吸引是为了提高质量或生产力，而不是因为创新本身。他们寻求低风险、安全和递增的收益。他们对风险的耐受度不高——许多人厌恶风险。他们非但不愿意投入个人精力克服障碍，还将障碍当作不应开展变革且应该放弃变革的证据。他们对变革成功与否缺乏热情。他们对变革的态度要么是半推半就，要么就是希望变革失败。

这意味着试点团队通常无法给出成功推广所需要的大部分信息。后期采纳者需要更多支持，而大多数人都属于后期采纳者。

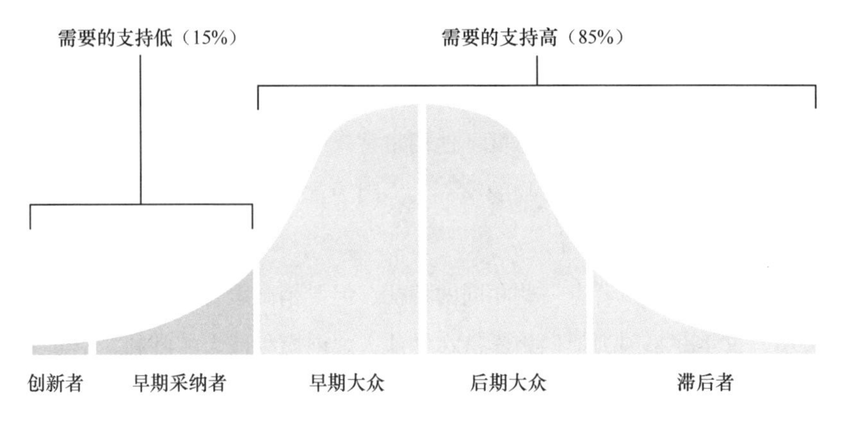

图 23-3 创新采纳顺序上不同部分的人群需要的支持程度不同。
后期采纳者比前期采纳者需要更大程度的支持

一些技术组织的领导者会说，他们员工中创新者和早期采纳者比例高，早期大众、后期大众和滞后者比例低。实际上，比例会随不同人群而发生变化，因此这个观点也许没错。但在他们的员工中，对不同类别采纳者的特征分析仍然适用。早期采纳者会执行评估，而后期采纳者需要更多支持。

23.4 再谈高层级的变革推广

这里从高层级看一个更实际的敏捷实施方法。

- 阶段 1：从试点团队开始。组建一个初始团队，在组织中尝试一种敏捷方法。解决单个团队层面的绊脚石。
- 阶段 2：将敏捷实践传播到一个或多个其他团队。传达敏捷如何让组织和其中的人获益的详细愿景。详细描述试点团队获得的收益。传达敏捷实施如何让接下来的团队的具体人员获益的详细愿景。在工作时间提供明确的培训、指导，拨出专门的时间来处理向新团队的推广。建立实践者社群并支持他们。定期与新团队联系，主动提供额外的支持。解决额外的问题，包括团队之间的问题。制订一份计划，用以提供更大范围推广所需的更多培训和支持。

- 阶段 3：将敏捷实践推广到整个组织。根据最初几个团队的经验，传达调整过的敏捷如何让组织受益的愿景。详细描述那些团队获得的收益，并解释已经得到了什么经验教训，这些经验教训有助于保证其他团队获得成功。倾听人们的反馈，按需要修正愿景。传达修正后的愿景，并确认已经包含了人们的反馈。

与每个会受敏捷实施影响的人安排会议，传达敏捷实施将如何让该具体人员受益的详细愿景。通过理解每个人的具体情况来准备每个会议。不要将每个人仅仅当作团队中的普通一员。

描述让敏捷在组织中获得成功的具体计划。讲清楚谁领导实施工作、让实施取得成功需要什么工作，以及实施的时间表。

提供工作中的培训和指导。强调每个团队都有权力做让推广获得成功所必需的工作。定期与团队联系，并提供额外的支持。提供人员帮助解决团队内部问题和跨团队问题。向团队解释有挑战是正常的，当挑战出现时组织会向他们提供支持。

总的来说，将指挥官意图应用于敏捷实施。设定愿景（并接受员工的反馈），然后让人们自由地解决细节问题。

23.5　检视和调整

随着推广继续，定期回顾多米诺变革模型，寻找每个领域出现问题的迹象。每次敏捷实施都会在某些方面具有独特之处。对反馈保持开放态度，如果需要就调整方向。这是在领导层面规范检视和调整行为的机会。

给领导者的行动建议

检视

- 评估多米诺变革模型。它应用于你过去或当前变革努力的情况如何？你的组织通常在模型的哪些部分取得了成功，还有哪些改进的空间？

- 回顾创新扩散模型。它应用于你组织的试点团队的历史情况如何？你是否同意试点团队是由创新者和早期采纳者组成的？他们对组织中其余人员的代表性如何？

调整

- 基于当前敏捷实施和多米诺变革模型类别之间的差距分析，制订提高这些差距表现的计划。
- 基于当前对后期采纳者的支持与创新扩散模型之间的差距分析，制订为后期采纳者提供合适支持级别的计划。

拓展资源

- Rogers, Everett M. 1995. *Diffusion of Innovation, 4th Ed.* The Free Press.
  这是关于创新扩散的权威著作。
- Moore, Geoffrey. 1998. *Crossing the Chasm, Revised Ed.* Harper Business.
  这本书普及了罗杰斯关于创新扩散的研究。它的可读性很强而且比罗杰斯的书短得多。
- Heifetz, Ronald A. and Marty Linsky. 2017. *Leadership on the Line: Staying Alive Through the Dangers of Change, Revised Ed.* Harvard Business Review Press.
  这是一本有点枯燥的书，却提供了一个真正有用的方式来思考组织领导者在领导变革中的角色（“从顶层往下的鸟瞰”）以及一些重要但很少讨论的变革障碍。
- Kotter, John P. 2012. *Leading Change*. Harvard Business Review Press.
  这是科特关于领导变革的权威著作。
- Kotter, John and Holger Rathgeber. 2017. *Our Iceberg is Melting, 10th Anniversary Edition*. Portfolio/Penguin.
  这是科特变革理论的娱乐版，以关于企鹅的寓言形式进行讲述。如果喜欢像《谁动了我的奶酪》和《鱼：一种提高士气和改善业绩的奇妙方法》

这样的书，你会喜欢这本书的。

- Corey Madsten. 2016. *How to Play Dominoes: Mexican Train Dominoes and More.* CreateSpace Independent Publishing Platform.
  书稿临近末尾，每位作者都难免略有懈怠。引用这本书作为结尾，只是想看看都有谁认真读到了最后[1]。

1 这是一本教儿童如何玩墨西哥骨牌（Mexican Train Dominoes）游戏的书，与本章的多米诺变革模型实无联系。——译者注

第五部分

结　尾

本书的这一部分提供了高度敏捷组织的愿景，并且总结了全书描述的关键原则。

享受劳动果实

从一开始，敏捷本身既是呼吁更好的软件开发的口号，同时也指代那些为了支撑这个口号而开发出来的大量实践、原则和理念。

敏捷本身持续进行检视和调整来改进，这就是为什么今天的敏捷要优于20年前的敏捷。现代敏捷理解到敏捷的目标不是简单地做敏捷，而是使用敏捷实践和其他实践支持业务目标和战略。

卓有成效的敏捷始于领导力——你要为敏捷团队定下基调。通过指挥官意图清晰地传达期望、赋能团队、培养他们的自管理能力，然后让他们迭代和改进。关注修复系统和过程而不是处理个人。帮助组织正向看待错误并培养成长思维。将错误当作学习的机会，检视和调整，逐步变得更好。

如果这些都做好了，组织将建立起专注于组织目标的团队。即使在组织目标发生变化时，团队也能对组织需求做出响应。这将提高组织响应客户需求变化的能力。

团队将持续关注所使用实践的有效性并用更好的实践替换低效的实践。他们的效能将随时间逐步增长。

团队将持续关注他们的工作流程。他们会知道工作处于什么阶段以及是否按预期进展。他们将为其他人提供大范围的可见性。当他们承诺自己将交付什么时，他们就会按期、高质量地交付它。

团队会很好地合作，会很好地与其他团队合作，会很好地与其他项目利益相关者合作，会很好地与组织外部的世界合作。

新发现将会不断出现，但破坏性的意外会少之又少。万一发生了这样的意外，团队将尽早发出通知，这将让团队和组织的其余部分能够快速和高效地响应。

团队将始终保持高质量并定期识别改进机会。积极性增加，人员流失率降低。

随着组织向着高效软件开发的愿景逐步前进，它将经历几个成熟阶段。

最初，关注点放在团队的内部效能。团队需要几个 sprint 来学习 Scrum 和其他支持性的敏捷实践。他们将努力提高自己的能力来用小增量进行计划，按支持短 sprint 的方式设计，排定优先级，承诺，维护高质量，代表组织进行决策，团队合作以及交付。他们可能需要大量 sprint 才能达到这个能力级别，这取决于他们能获得多大支持，以及他们与组织的其余部分合作时有多少摩擦。

随着时间流逝，关注点将转移到组织与团队的沟通上。因为团队能力的增加，组织需要更好地支持团队。组织需要在产品的需求优先级和其他事项的优先级排序上展现出领导力，需要能够及时做出决策，以便跟上产能提升后的团队步调。

最终，不断的改进将改变团队。他们将更快地交付和调整方向。通过使用增强的开发能力，这将为组织以不同方式更好地计划与执行开创战略机会。

关注成长思维以及检视和调整意味着，所有这一切将随着时间变得越来越好。

享受劳动果实吧！

关键原则汇总

检视和调整。敏捷是一种依赖于从经验中学习的经验性方法。这需要创造机会定期反思并根据经验进行调整。（3.3 节）

从 Scrum 开始。Scrum 并非敏捷之旅的最终目的，但它是最为结构化、支持最好的起点。（4.1 节）

搭建跨职能团队。敏捷项目的工作发生在自我管理的团队中。要自我管理，团队必须包含做出对组织有约束力的良好决策所需的全部技能。（5.1 节）

将测试人员整合到开发团队中。通过让做事的人更紧密地一同工作来加强开发和测试之间的反馈循环。（5.3 节）

通过自主、专精和目标来激励团队。敏捷实践天生就支持那些有助于激励的因素。团队旨在自主地工作并不断改进（专精）。为了做到这一点，他们需要理解目标。“健康的敏捷团队”与“积极进取的敏捷团队”是互为表里的。（6.1 节）

培养成长思维。无论你是从自主、专精和目标的专精角度看还是从检视和调整的角度看，高效敏捷团队持续地关注于变得更好。（6.2 节）

培养以业务为中心。开发人员经常需要在产品负责人的指导下填补需求中缺失的细节。理解业务有助于以对业务有益的方式填补这些细节。（6.3 节）

加强反馈循环。不要花更长时间学习不需要的经验教训，而是尽可能加强反馈循环。这有助于通过检视和调整获得更快的进步，以及通过培养成长思维更快地改善效果。（7.1 节）

修正系统，而不是处理个人。大多数软件从业人员都想做好工作。如果他们没有把工作做好，特别是如果他们看起来没有尽力把工作做好，应该去了解是什么导致了这一点。找出让个人感到挫败的系统问题。（7.3 节）

通过培养个人能力来提高团队能力。团队呈现的品质是团队中个人品质以及

他们之间互动的结合。通过加强个人来加强团队。（8.2 节）

保持项目规模小。小项目更容易而且更常成功。不是所有工作都能够被组织成小项目的形式，但只要有可能，就应该尽量地把工作组织成小项目的形式。（9.1 节）

保持 sprint 短小。短 sprint 支持频繁的检视和调整的反馈循环。短 sprint 能使问题更快暴露，更容易在小问题变成大问题前将它们消灭在萌芽状态。（9.2 节）

以垂直切片的方式交付。敏捷中的反馈很重要。当团队以垂直切片而不是水平切片的方式交付时，他们能够得到有关其技术和设计选择方面更好的反馈——既有来自客户的反馈，也有来自业务的反馈。（9.4 节）

管理技术债。持续关注质量是高效敏捷实施的一部分。管理技术债能带来更高的团队士气、更快的进展，以及更高质量的产品。（9.5 节）

通过架构支撑大型敏捷项目。良好的架构能够支持项目的工作拆分并最小化大型项目特有的日常开销。优秀的架构能够让大型项目感觉上像较小的项目。（10.5 节）

使缺陷检测的时间最短。修复缺陷的成本往往随着缺陷停留时间越长而变得越高。敏捷注重质量工作的一个好处是在更靠近源头的地方检测出更多缺陷。（11.1 节）

制定并采用完成定义。良好的完成定义有助于及早发现不完整或错误的工作，最大限度地缩小缺陷引入和缺陷检测之间的时间。（11.2 节）

将质量维持在可发布水平。将质量维持在可发布水平有助于捕获早期完成定义遗漏的额外缺陷。（11.3 节）

由开发团队编写自动化测试。自动化测试有助于最小化缺陷检测时间。让团队中的每个人都负责测试强化了质量是每个人的责任这一理念。（12.1 节）

细化产品待办事项列表。产品待办事项列表细化确保团队处理最高优先级的事项，不会在没有产品负责人的情况下自行填补需求细节，并且不会让团队没有工作而陷入空转。（13.7 节）

制定并使用就绪定义。待办事项列表细化的部分工作是确保需求在团队开始实现前确实准备就绪。（13.8 节）

自动化重复性工作。没有人喜欢重复性工作，而且当把软件开发中能够自动

化的工作进行自动化后，许多工作能够比不进行自动化带来更多收益。(15.1 节)

*管理结果，而不是管理细节。*通过清晰地沟通期望结果的方式来保护团队的自主性，同时让团队自由决定完成工作的细节。(16.1 节)

*用指挥官意图明确表达目标。*通过明确传达期望的最终状态的目标，来支持团队能够进行及时的内部决策。(16.2 节)

*关注吞吐量，而不是关注活动。*类似管理结果，细微差别在于忙碌并非目标——搞定有价值的工作才是目标。(16.3 节)

*在关键敏捷行为上以身作则。*高效的领导者也会展现出他们想从员工身上看到的那些行为。(16.4 节)

*正向看待错误。*正向看待错误，以便团队可以毫不犹豫地将错误暴露出来，这样能够从中汲取教训。不从过往错误中汲取教训会让公司再次蒙受损失。(17.1 节)

*以量化的团队产能为依据制订计划。*敏捷是一个经验性方法，团队和组织应该基于量化的产能来计划工作。(17.3 节)

参考文献

AAMI. 2012. Guidance on the use of AGILE practices in the development of medical device software. 2012. AAMI TIR45 2012.

Adolph, Steve. 2006. What Lessons Can the Agile Community Learn from a Maverick Fighter Pilot? *Proceedings of the Agile* 2006 *Conference*.

Adzic, Gojko and David Evans. 2014. *Fifty Quick Ideas to Improve Your User Stories.* Neuri Consulting LLP.

Aghina, Wouter, et al. 2019. *How to select and develop individuals for successful agile teams: A practical guide*. McKinsey & Company.

Bass, Len, et al. 2012. *Software Architecture in Practice, 3rd Ed*. Addison-Wesley Professional.

Beck, Kent and Cynthia Andres. 2005. *Extreme Programming Explained: Embrace Change, 2nd Ed*. Addison-Wesley.

Beck, Kent. 2000. *Extreme Programming Explained: Embrace Change*. Addison-Wesley.

Belbute, John. 2019. *Continuous Improvement in the Age of Agile Development: Executing and Measuring to get the most from our software investments*.

Boehm, Barry and Richard Turner. 2004. *Balancing Agility and Discipline: A Guide for the Perplexed.* Addison-Wesley.

Boehm, Barry. 1981. *Software Engineering Economics*. Prentice-Hall.

Boehm, Barry W. 1988. A Spiral Model of Software Development and Enhancement. *Computer.* May 1988.

Boehm, Barry, et al. 2000. *Software Cost Estimation with COCOMO II*. Prentice

Hall PTR.

Boyd, John R. 2007. *Patterns of Conflict*. January 2007.

Brooks, Fred. 1975. *Mythical Man-Month*. Addison-Wesley.

Carnegie, Dale. 1936. *How to Win Friends and Influence People*. Simon & Schuster.

Cherniss, Cary, Ph.D. 1999. The business case for emotional intelligence. [Online] 1999. [Cited: January 25, 2019.]

Cohn, Mike. 2010. *Succeeding with Agile: Software Development Using Scrum*. Addison-Wesley.

Cohn, Mike. 2004. *User Stories Applied: For Agile Software Development*. Addison-Wesley.

Collyer, Keith and Jordi Manzano. 2013. Being agile while still being compliant: A practical approach for medical device manufacturers. [Online] March 5, 2013. [Cited: January 20, 2019.]

Conway, Melvin E. 1968. How do Committees Invent? *Datamation*. April 1968.

Coram, Robert. 2002. *Boyd: The Fighter Pilot Who Changed the Art of War*. Back Bay Books.

Crispin, Lisa and Janet Gregory. 2009. *Agile Testing: A Practical Guide for Testers and Agile Teams*. Addison-Wesley Professional.

Curtis, Bill, et al. 2009. *People Capability Maturity Model (P-CMM) Version 2.0, 2nd Ed.* Software Engineering Institute.

DeMarco, Tom. 2002. *Slack: Getting Past Burnout, Busywork, and the Myth of Total Efficiency*. Broadway Books.

Derby, Esther and Diana Larsen. 2006. *Agile Retrospectives: Making Good Teams Great*. Pragmatic Bookshelf.

DORA. 2018. *2018 Accelerate: State of Devops*. DevOps Research and Assessment.

Doyle, Michael and David Strauss. 1993. *How to Make Meetings Work*! Jove

Books.

Dweck, Carol S. 2006. *Mindset: The New Psychology of Success*. Ballantine Books.

DZone Research. 2015. *The Guide to Continuous Delivery*. Sauce Labs.

Feathers, Michael. 2004. *Working Effectively with Legacy Code*. Prentice Hall PTR.

Fisher, Roger and William Ury. 2011. *Getting to Yes: Negotiating Agreement Without Giving In, 3rd Ed*. Penguin Books.

Forsgren, Nicole, et al. 2018. *Accelerate: Building and Scaling High Performing Technology Organizations*. IT Revolution.

Gilb, Tom. 1988. *Principles of Software Engineering Management*. Addison-Wesley.

Goleman, Daniel. 2004. What Makes a Leader? *Harvard Business Review*. January 2004.

Gould, Stephen Jay. 1977. *Ever Since Darwin*. WW Norton & Co Inc.

Grenning, James. 2001. Launching Extreme Programming at a Process-Intensive Company. *IEEE Software*. November/December 2001.

Hammarberg, Marcus and Joakim Sundén. 2014. *Kanban in Action*. Manning Publications.

Heifetz, Ronald A. and Marty Linsky. 2017. *Leadership on the Line: Staying Alive Through the Dangers of Change, Revised Ed*. Harvard Business Review Press.

Hooker, John, 2003. *Working Across Cultures*. Stanford University Press.

Humble, Jez, et al. 2015. *Lean Enterprise: How High Performance Organizations Innovate at Scale*. O'Reilly Media.

Humble, Jez. 2018. *Building and Scaling High Performing Technology Organizations*. October 26, 2018. Construx Software Leadership Summit.

James, Geoffrey. 2018. It's Official: Open-Plan Offices Are Now the Dumbest Management Fad of All Time. *Inc*. July 16, 2018.

Jarrett, Christian. 2018. Open-plan offices drive down face-to-face interactions and increase use of email. *BPS Research*. July 5, 2018.

Jarrett, Christian. 2013. The supposed benefits of open-plan offices do not outweigh the costs. *BPS Research*. August 19, 2013.

Jones, Capers and Olivier Bonsignour. 2012. *The Economics of Software Quality*. Addison-Wesley.

Jenkins, Jon. June 16, 2011.*Velocity Culture (The Unmet Challenge in Ops)*. O'Reilly Velocity Conference.

Jones, Capers. 1991. *Applied Software Measurement: Assuring Productivity and Quality*. McGraw-Hill.

Konnikova, Maria. 2014. The Open-Office Trap. *New Yorker.* January 7, 2014.

Kotter, John and Holger Rathgeber. 2017. *Our Iceberg is Melting, 10th Anniversary Edition*. Portfolio/Penguin.

Kotter, John P. 2012. *Leading Change.* Harvard Business Review Press.

Kruchten, Philippe, et al. 2019. *Managing Technical Debtt: Reducing Friction in Software Development*. Software Engineering Institute.

Kurtz, C.F., and D. J. Snowden. 2003. The new dynamics of strategy: Sense-making in a complex and complicated world. *IBM Systems Journal.* 2003, Vol. 42, 3.

Lacey, Mitch. 2016. *The Scrum Field Guide: Agile Advice for Your First Year and Beyond, 2d Ed*. Addison-Wesley.

Leffingwell, Dean. 2011. *Agile Software Requirements: Lean Requirements Practices for Teams, Programs, and the Enterprise.* Pearson Education.

Lencioni, Patrick. 2002. *The Five Dysfunctions of a Team*. Jossey-Bass.

Lipmanowicz, Henri and Keith McCandless. 2013. *The Surprising Power of Liberating Structures.* Liberating Structures Press.

Martin, Robert C. 2017. *Clean Architecture: A Craftsman's Guide to Software Structure and Design.* Prentice Hall.

Maxwell, John C. 2007. *The 21 Irrefutable Laws of Leadership.* Thomas Nelson.

McConnell, Steve and Jenny Stuart. 2018. Agile Technical Coach Career Path. [Online]

McConnell, Steve and Jenny Stuart. 2018. Career Pathing for Software Professionals. [Online]

McConnell, Steve and Jenny Stuart. 2018. Software Architect Career Path. [Online]

McConnell, Steve and Jenny Stuart. 2018. Software Product Owner Career Path. [Online]

McConnell, Steve and Jenny Stuart. 2018. Software Quality Manager Career Path. [Online]

McConnell, Steve and Jenny Stuart. 2018. Software Technical Manager Career Path. [Online]

McConnell, Steve. 2004. *Code Complete, 2nd Ed.* Microsoft Press.

McConnell, Steve. 2016. Measuring Software Development Productivity. [Online] 2016. [Cited: January 19, 2019].

McConnell, Steve. 2016. Measuring Software Development Productivity. *Construx Software*. [Online] Construx Sofware, 2016. [Cited: June 26, 2019].

McConnell, Steve. 2004. *Professional Software Development.* Addison-Wesley.

McConnell, Steve. 1996. *Rapid Development: Taming Wild Software Schedules.* Microsoft Press.

McConnell, Steve. 2000. Sitting on the Suitcase. *IEEE Software*. May/June 2000.

McConnell, Steve. 2006. *Software Estimation: Demystifying the Black Art.* Microsoft Press.

McConnell, Steve. 2019. Understanding Software Projects Lecture Series. Construx OnDemand. [Online]

McConnell, Steve. 2011. What does 10x mean? Measuring Variations in Programmer Productivity. [book auth.] Andy and Greg Wilson, Eds Oram. *Making Software: What Really Works, and Why We Believe It.* O'Reilly.

Meyer, Bertrand. 2014. *Agile! The Good, They Hype and the Ugly.* Springer.

Meyer, Bertrand. 1992. Applying "Design by Contract" . *IEEE Computer.* October 1992.

Moore, Geoffrey. 1991. *Crossing the Chasm, Revised Ed.* Harper Business.

Mulqueen, Casey and David Collins. 2014. Social *Style & Versatility Facilitator Handbook.* TRACOM Press.

Nygard, Michael T. 2018. *Release It! Design and Deploy Production-Ready Software, 2nd Ed.* Pragmatic Bookshelf.

Oosterwal, Dantar P. 2010. *The Lean Machine: How Harley-Davidson Drove Top-Line Growth and Profitability with Revolutionary Lean Product Development.* AMACOM.

Patterson, Kerry, et al. 2002. *Crucial Conversations: Tools for talking when the stakes are high.* McGraw-Hill.

Patton, Jeff. 2014. *User Story Mapping: Discover the Whole Story, Build the Right Product.* O'Reilly Media.

Pink, Daniel H. 2009. *Drive: The Surprising Truth About What Motivates Us.* Riverhead Books.

Poole, Charles and Jan Willem Huisman. 2001. Using Extreme Programming in a Maintenance Environment. *IEEE Software.* November/December 2001.

Poppendieck, Mary and Tom. 2006. *Implementing Lean Software Development: From Concept to Cash* . Addison-Wesley Professional.

Puppet Labs. 2014. 2014 *State of DevOps Report*. 2014.

Putnam, Lawrence H., and and Ware Myers. 1992. *Measures for Excellence: Reliable Software On Time, Within Budget*. Yourdon Press.

Reinertsen, Donald G. 2009. *The Principles of Product Development Flow: Second Generation Lean Product Development.* Celeritas Publishing.

Richards, Chet. 2004. *Certain to Win: The Strategy of John Boyd, Applied to Business*. Xlibris Corporation.

Rico, Dr. David F. 2009. *The Business Value of Agile Software Methods*. J. Ross

Publishing.

Robertson, Robertson Suzanne and James. 2013. *Mastering the Requirements Process: Getting Requirements Right, 3rd Ed.* Addison-Wesley.

Rogers, Everett M. 1995. *Diffusion of Innovation, 4th Ed.* The Free Press.

Rotary International. 2019. The Four-Way Test. *Wikipedia.* [Online]

Rozovsky, Julia. 2015. The five keys to a successful Google team. [Online] November 17, 2015. [Cited: November 25, 2018.]

Rubin, Kenneth. 2012. *Essential Scrum: A Practical Guide to the Most Popular Agile Process*. Addison-Wesley.

Scaled Agile, Inc. 2017. Achieving Regulatory and Industry Standards Compliance with the Scaled Agile Framework. *Scaled Agile Framework.* [Online] August 2017. [Cited: June 25, 2019.]

Schuh, Peter. 2001. Recovery, Redemption, and Extreme Programming. *IEEE Software.* November/December 2001.

Schwaber, Ken and Jeff Sutherland. 2017. The Scrum Guide. The Definitive Guide to Scrum: The Rules of the Game. 2017. [Online]

Schwaber, Ken. 1995. SCRUM Development Process. *Proceedings of the 10th Annual ACM Conference on Object Oriented Programming Systems, Languages, and Applications* (*OOPSLA*). 1995.

Scrum Alliance. 2017. *State of Scrum 2017-2018.*

Snowden, David J. and Mary E. Boone. 2007. A Leader's Framework for Decision Making. *Harvard Business Review*. November 2007.

Standish Group. 2013. *Chaos Manifesto 2013: Think Big, Act Small.*

Stellman, Andrew and Jennifer Green. 2013. *Learning Agile: Understanding Scrum, XP, Lean, and Kanban.* O'Reilly Media.

Stuart, Jenny and Melvin Perez. 2018. Retrofitting Legacy Systems with Unit Tests. [Online]

Stuart, Jenny, et al. 2018. Six Things Every Software Executive Should Know

About Scrum. [Online]

Stuart, Jenny, et al. 2017. Staffing Scrum Roles. [Online]

Stuart, Jenny, et al. 2018. Succeeding with Geographically Distributed Scrum. [Online]

Stuart, Jenny, et al. 2018. Ten Keys to Successful Scrum Adoption. [Online]

Stuart, Jenny, et al. 2018. Ten Pitfalls of Enterprise Agile Adoption. [Online]

Sutherland, Jeff. 2014. *Scrum: The Art of Doing Twice the Work in Half the Time.* Crown Business.

Tockey, Steve. 2005. *Return on Software: Maximizing the Return on Your Software Investment.* Addison-Wesley.

Twardochleb, Michal. 2017. Optimal selection of team members according to Belbin's theory. *Scientific Journals of the Maritime University of Szczecin*. September 15, 2017.

U.S. Marine Corps Staff. 1989. *Warfighting*. Currency Doubleday.

Westrum, Ron. 2005. A Typology of Organisational Cultures. January 2005, pp. 22-27.

Wiegers, Karl and Joy Beatty. 2013. *Software Requirements, 3rd Ed*. Microsoft Press.

Williams, Laurie and Robert Kessler. 2002. *Pair Programming Illuminated*. Addison-Wesley.

Yale Center for Emotional Intelligence. 2019. The RULER Model. [Online]

站在巨人的肩上

Standing on the Shoulders of Giants